スクラム実践者が知るべき97のこと

Gunther Verheyen　編

吉羽 龍太郎、原田 騎郎、永瀬 美穂　訳

97 Things Every Scrum Practitioner Should Know

Collective Wisdom from the Experts

Gunther Verheyen

Beijing · Boston · Farnham · Sebastopol · Tokyo

訳者まえがき

　本書は、Gunther Verheyen 著『97 Things Every Scrum Practitioner Should Know』(ISBN：978-1492073840) の全訳である。翻訳は株式会社アトラクタのアジャイルコーチ 3 人で行った。原著の誤記・誤植などについては著者に確認して一部修正している。

　アジャイルやスクラムの実践者の多くは、アジャイルマニフェストを読んだことがあるだろう。いちばん目に入る箇所は、「プロセスやツールよりも個人と対話を」「包括的なドキュメントよりも動くソフトウェアを」「契約交渉よりも顧客との協調を」「計画に従うことよりも変化への対応を」という価値観のところではないかと思う。

　だが、それより前に注目してほしい箇所がある。冒頭の一句だ（太字は訳者による）。

　　私たちは、ソフトウェア開発の実践あるいは実践を手助けをする活動を通じて、よりよい開発方法を**見つけだそう**としている。

　これが意味するのは、アジャイルとは「よりよい開発方法」を見つける終わりなき旅であるということだ。

　スクラムについて見てみると、1995 年にケン・シュエイバーとジェフ・サザーランドによって世に出たあと、多くの実践例から得た知見をもとに進化を続けてきた。2010 年にスクラムの共通のルールブックとなるスクラムガイドが作られ、以降 2011 年、2013 年、2016 年、2017 年、2020 年と改訂が繰り返されている。今後も実践者のフィードバックを取り入れながら改訂されていくであろう。

　同じことが実践者である私たちにも必要だ。事前に定義したプロセスにただ盲目的に従って、それを守ることを目的化するのではなく、「よりよい開発方法」を見つけるために、実験や学習を続けていかなければいけない。

　本書に含まれる実践者の実体験や知見は、この継続的な取り組みに大いに役に立つはずだ。日本語版の刊行に際して、日本国内で豊富な実践経験を持つ人たちによるコラムも収録することができた。本書のなかでみなさんの現場で役に立ちそうなことがあれば、ぜひ試してみてほしい。もちろん全部がうまくいくとは限らないが、やってみてダメならやめればよいだけだ。ほかにも、スプリントレトロスペクティブで、本書のコラムをもとに議論したり、スクラムチームで読書会をしたりしてもよいかもしれない。

なお、本書の原著は 2020 年 4 月に発売された。コラムの内容や用語などは、2017 年版のスクラムガイドにもとづいている。本書のスクラムガイドからの引用箇所についても、2017 年版スクラムガイドの日本語版公式翻訳を利用している。

謝辞

刊行に際しては、多くの人に多大なるご協力をいただいた。

及部敬雄さん、小林恭平（kyon_mm）さん、高橋一貴さん、長沢智治さん、平鍋健児さん、安井力（やっとむ）さん、和田卓人さんには、本書の刊行にあたって、新たに書き下ろしのコラムを寄稿頂いた。多忙のなか、日本の実践者に向けて知見を共有してくれたことに感謝したい。

小笠原晋也さん、粕谷大輔さん、小坂淳貴さん、笹健太さん、佐藤貴紀さん、竹葉美沙さん、土肥拓生さん、松元健さん、水越明哉さん、森川裕美さんには翻訳レビューにご協力いただいた。みなさんのおかげで読みやすいものになったと思う。

企画・編集は、オライリー・ジャパンの高恵子さんが担当された。いつも手厚い支援をいただいていていることに感謝したい。

訳者を代表して
2021 年 3 月
吉羽 龍太郎

はじめに

スクラムに関する 97 本のエッセイをお届けできることをうれしく思う。本書は、スクラムを学ぶための本ではない。その代わり、スクラムフレームワークのルールや役割、スクラムの目的、スクラム適用の戦略、戦術、パターン、現場の体験談、そしてスクラムを超えたスクラムについての視点など、さまざまな知見やインサイトを提供する。

（1995 年に発表された）スクラムの適用はだんだんと広がり、（2001 年に発表された）アジャイルマニフェストに沿ったやり方のなかで最も使われるようになった。それでも、いまだにスクラムの実践にはたくさんの課題が存在する。スクラムへのたくさんの誤解を解くだけでは不十分だ。新たな入門者、スクラムフレームワークの理解を改善しようとする人たちに、スクラムの知識を伝えるいちばん良い方法とチャネルを探し続けなければいけない。

スクラムが広く使われるようになり、何百万人も実践者がいるおかげで、膨大な知識、実際の経験が共有できるようになっている。同時に、スクラムを始めようとしている数え切れないくらいの人や組織が、知見、アドバイス、ストーリーを求めている。知見を深めたいと考えている実践者もたくさんいる。本書によって、全世界の経験豊富な実践者とそれを必要とする人をつなげたいと思っている。

スクラムはシンプルだが実践は難しいとされている。スクラムは複雑な課題に取り組むためのシンプルなフレームワークだ。複雑なプロダクト開発はそのような課題の一部だ。スクラムには多様なプラクティスや戦術を取り入れる余地がたくさんあり、スクラムのなかでそれらを利用できるようになっている。スクラムをいろんな形で具現化するのに、スクラム実践の先駆者たちから話を集めて利用できるようにする以上に良い方法があるだろうか？　本書から、経験豊富な実践者がどのように問題や課題に取り組んだか、そして将来の実践者にとって何が重要と考えているかを学べる。

経験豊富な実践者の肩に乗ってみよう。実践者の知見を使って、スクラムの理解を改善しよう。やり方をまねして、調整して、変えて、自分のスクラムのやり方を見つけよう。

ここにある 97 本のエッセイには、膨大な知見やアイデアが含まれている。合意できないものや気に入らないものもあるだろう。矛盾点、異なる視点、曖昧なところもある。複雑な世界へようこそ。スクラムが導いてくれるのは、イエス、ノーでは片付けられないことがたくさんあるこんな世界だ。あなた自身の複雑な状況のなかで、助けとなるものを見つ

けられることを祈っている。

本書の構成

　著者を追いかけ、エッセイを集めて読み、編集者としての意見を述べるのは楽しかった。それ以上に楽しかったのは、集まったエッセイに共通のテーマや似ているところを見出すことだった。エッセイの順番を整えるという私の仕事は、97のことを10個のテーマにまとめることで完成した。本書の流れはこうやってできている。幸運なことに、単一のテーマしか含まないエッセイは1つとしてなく、どのエッセイも独立して楽しめるようになっている。

第 I 部　始め、適応、繰り返し

　第 I 部には、スクラム適用のやり方を再考するのにふさわしい大小11のことが含まれている。スクラムの適用は1回限りのスクラム導入では済まない。継続的な思考、再考、発見が続くことになる。

第 II 部　価値を届けるプロダクト

　第 II 部では、スクラムのプロダクトとサービスに関わる11のことが含まれていて、なぜ価値が量を凌駕するかを説明している。不安定な要求と発展を続ける技術に囲まれた複雑な世界では、「プロダクト」はスクラムでの仕事を組み立てる最小限の安定性を提供するのだ。

第 III 部　コラボレーションこそがカギ

　第 III 部では、コミュニケーションと相互作用によるチームのコラボレーションこそがスクラムのすべてであることを示す10のことが含まれている。複雑で変化の激しい環境で、複雑なプロダクトやサービスを開発し、保守し、進化させるには、集団としての知能、スキル、技能を必要とするからだ。

第 IV 部　開発の複数の顔

　第 IV 部には、「開発」の仕事を取りまとめて、スプリントの終わりまでに手に取ってデモができるようにする方法の例となる12のことが含まれている。複雑な環境において複雑なプロダクトを開発するには、（コーディングやプログラミングのような）技術的な開発作業以外も必要となるからだ。

第 V 部　ミーティングではなくイベント

　第 V 部には、スクラムのイベントの性質とそれに込められた意図を理解するための10のことが含まれている。スクラムのイベントは、過去にこだわったり、報告したり、状況共有したりするためではなく、未来のためにある。スクラムでミーティングとよく呼ばれているものは、実際には、検査と適応の機会を明示的に提供するためのイベントであるからだ。

第Ⅵ部　マスタリーは重要

第Ⅵ部には、スクラムが必要とするマスタリーに関わる 12 のことが含まれている。何を見て、何を探せばよいか。スクラムにおいてマスタリーが必要なのはスクラムマスターだけではない。それでも、スクラムマスターがイベントに精通していることは非常に重要だ。

第Ⅶ部　人間。あまりにも人間

第Ⅶ部には、スクラムの人間面について、文化人類学からニューロサイエンスまで 8 つのことが含まれている。人間はリソースではない。リソースは、ロボット、歯車のような交換可能な機械部品のことだ。人間が開発をするからこそ、人間の役に立つものができ上がるのだ。人間は……人間だ。

第Ⅷ部　価値がふるまいを駆動する

第Ⅷ部には、スクラムはルール以上のものであることを理解するための 6 つのことが含まれている。スクラムは不完全なフレームワークだが、これは意図的だ。人同士が関わり、相互作用し、互いに協力するようになる。スクラムはルール、原則、そして価値からなるフレームワークだ。そして価値がふるまいを駆動する。

第Ⅸ部　組織設計

第Ⅸ部には、スクラムが組織構造に及ぼすインパクトについての視点、実際のケース、教訓などについての 9 つのことが含まれている。必ずしもスケーリングの話ではないが、大規模組織のほうが影響が見える形で現れやすい。既存の組織、組織構造に影響を与えずにスクラムを導入するのは不可能だからだ。

第Ⅹ部　スクラム番外編

第Ⅹ部には、普通は使われると思われていない領域でのスクラムの利用、適用可能性についての 8 つのことが含まれている。なかには、スクラムがスクラムと呼ばれるようになる前の話もある。スクラムの未来を作るのはスクラムの実践者なので、私たちは想像力を持たなければいけないし、それとともに歴史的経緯も知らなければいけない。

第Ⅺ部　日本を中心に活動する実践者による 10 のこと

第Ⅺ部は、日本語版にのみ収録している部である。日本を中心に活動している実践者たちが、スクラムを実践する上で重要な 10 のことを掲載する。

巻末にはスクラム用語集を用意した。本書で使われている用語を取り上げ、可能な限りシンプルに説明している。本書にはスクラムガイドからの引用が多数含まれるが、すべて 2017 年 11 月版からのものである。

謝辞

　素晴らしい家族の一員であることは、私にとって幸運だった。どんな結果が待っていたとしても、私がやることを鼓舞し、勇気づけてくれる。妻と3人の子供がいなければ、私はどこにも行けなかっただろう。

　マルチーヌ・デボスに感謝する。素晴らしい寄稿者たちを紹介してくれた。彼女の声に出さない信頼と激励にどれだけ助けられたか。マルチーヌはスクラム界隈に昔からいて、飽くことなくスクラムを広め続けてきた。

　私がスクラムを実践するあいだ、数多くの人、組織と働いてきた。新しく来る人もいれば、去る人もいた。なかでもハンス・リンハウトは、本当の意味でビジネスの互恵主義を築き、商業的なモチベーション以上のものに昇華できる稀有な人だ。彼のような人がもっといればと思う。

　68人ものスクラム実践者が、あなたのためにエッセイを書く労をとってくれた。肩書きや地位で選んだわけではない。あなたのような実践者に共有したい、価値ある知見を持つ人を選んだ。すべての執筆者に感謝したい。本書を買って読んでくれているあなたにも感謝する。スクラムを採用し、特定の課題に対処するためのスクラムの活用方法をシェアして広げてくれれば幸いだ。

　ぜひ、ほかのスクラム実践者に刺激を与え続けてほしい。

　また、本書はオライリー・メディアの素晴らしいチームの助けなしには生まれなかった。関わってくれた全員に感謝する。本書を書くきっかけとなったクリス・グジコウスキ、ライアン・ショウと、旅に付き合ってくれたコルビン・コリンズに特に感謝する。楽しんでくれるとうれしい。スクラムを続けよう。

ギュンター・ヴァーヘイエン

独立スクラム世話人

アントワープ、ベルギー

目　次

第 I 部
始め、適応、繰り返し

スクラムについて誰も教えてくれない5つのこと

マーク・ロフラー
著者プロフィール p.236

　スクラムを使って仕事に変革をもたらそうと思っているあなたに、スクラムについて誰も教えてくれないことをちょっと伝えておこう。

1. スクラムは問題を解決してくれない

　スクラムは銀の弾丸で、魔法のように問題を解決できると思っている人がいる。だが、スクラムのようなアジャイルプロセスは、肩越しにあなたのやることを見ている義理の母親のような存在だ。失敗や問題を見つけ出し、隠せないようにする。結局、しっかり働いて問題を解決するのはあなただ。

2. プロセスに従うだけではスクラムのメリットはない

　本に書いてあるとおりにスクラムをやっているチームをたくさん見てきた。デイリースタンドアップ、スプリントプランニング、スプリントレビュー、レトロスペクティブ、そしてプロダクトバックログリファインメントまでやっていた。それでも、チームはスクラムのメリットをほとんど得られなかった。アジャイルは**やり方**ではなく、**あり方**であることをわかっていなかったからだ。アジャイルになるためには、プロセスを変えるだけでなく、マインドセットも変えなければいけない。アジャイルマニフェストの背後にある12の原則とスクラムの価値を受け入れることによってのみ、スクラムは本当の力を発揮する。

3.「スクラムになるスイッチ」なんてものはない

　会社の従業員を全員2日間の認定スクラムコースに送り込んでも、スクラムの会社になったりはしない。会社が一晩でアジャイルになり「スクラム」をやれるようになる、みたいなスイッチは存在しない。スクラムのプロセスの説明は簡単そうに見える。だが見た目と実際は違う。スクラムの導入は難しい。学ぶことはたくさんある。やらないで済ませられる仕事を最大化すること、既存のミーティングを廃止すること、リリース可能なプロダクトをスプリントごとに用意すること、難しい組織課題に取り組むこと。まだまだある。スクラムに「スイッチ」することはできる。だが、それは切り替えではなく、何か月、何年もかかる漸進的なプロセスだ。終わりのない物語だ。

4. スクラムに変えるとは、組織を変えることだ

　アジャイルトランスフォーメーションは、プロダクト開発から始まることがほとんどだ。だが、プロダクト開発にとどめておく必要はない。組織のほかの部署がアジャイルトランスフォーメーションを無視しているなら、砂漠に花を植えるようなものだ。ゆっくりと死んでいく。全体導入でも部分導入でも、組織を変えることなしにスクラムを導入する方法はない。組織変革に取り組む準備ができていないなら、スクラムを使う準備はできていない。

5. スクラムをやることで速くはならない

　「スプリント」という言葉からは速さを連想するが、まずは、それを期待するのはやめよう。イテレーションの終わりに毎回リリース可能なプロダクトが欲しいなら、同じ時間で届けられる量は増やせない。スクラムによって、マーケット投入までの時間は短くできる。それは以下のような方法によるものだ。

- スクラムは、やらない仕事を徐々に増やす。顧客が本当に必要なものに集中する。誰も必要とせず、誰も使い方を知らないフィーチャーばかりのプロダクトを作ったりしない。結果としてプロダクトバックログは短く（クリーンに）なり、デリバリーが速くなり、最終的にマーケット投入までの時間を短くできる。
- スクラムは最初から品質を作り込む。品質を作り込むことで、革新的なフィーチャーの開発に集中できる。終わらないバグ対応でエネルギーを浪費することもない。また、保守の手間も大幅に減る。

プラクティスよりマインドセットが
02 重要

ギル・ブローザ
著者プロフィール p.236

デイリースクラムが進ちょく会議のように感じられないだろうか？

マネージャーやステークホルダーは、プロダクトバックログをプロジェクト計画のように扱っていないだろうか？

スクラムマスターがタスクを管理したりプロセスを守ることを約束したりしていないだろうか？

答えが全部イエスなら、あなたのスクラムで起こっている、ほかの症状を当てて見せよう。チームでレトロスペクティブをしてもあまり改善されず、メンバーは協力しあっておらず、ちゃんとした「完成」の定義も共有していないはずだ。あなたが開発チームなら、自動テストのカバレッジは低く、表面的にしかリファクタリングしておらず（ほとんどしていないかもしれない）、本番環境へのデプロイにはたくさんの計画と注意が必要なはずだ。プラクティスには従っているように見えるものの、アジリティは感じられない。どうしてだろうか？

状況を理解するには、**なぜ**スクラムチームが特定のプラクティス、ミーティング、役割、作成物を用いるのかを知る必要がある。まずは、これらの戦術が効果的に使われているときには、どんな**原則**が作用しているのか見てみよう。

デイリースクラムについて考えてみよう。アジャイルの観点では、デイリースクラムは、チームメンバーが重要な作業を終わらせるためにお互いに**協力**しあって**自己組織化**している場合に、いちばん効果が出る。**透明性**を保ち、すべてのことに誠実に参加できるような**心理的安全性**を感じられるからだ。

プロダクトバックログは価値がありそうな作業のリストで、順番に並んでいる。そのとおりに使えば、この**単純な**作成物は、チームの作業を意味のある**アウトカム**に**集中**させることができる。**効果があるかどうか**を簡単に確認できて、詳細化、分割、受け入れテストの用意など、多くの作業に関する**決定をぎりぎりまで遅らせる**ことができる。

スクラムマスターは**サーバントリーダー**で、チームがしっかりとしたアジャイルチームに成長するのを助ける。スクラムマスターは、**コミュニケーション**と**コラボレーション**と**透明性**を育んで、**安全**で**信頼**と**尊敬**のある環境を作ることで、この目的を達成する。

スクラムが上述の原則（とほかにいくつかの原則）を実現できるのは、スクラムがアジャ

イルの4つの価値[†1]、すなわち適応、頻繁な価値のデリバリー、顧客とのコラボレーション、ピープルファーストをサポートしているからだ。みんなが「自分たちにとって最適」な形でこの価値を受け入れ、すべての行動の指針にできるのは、それが自分たちの目的を達成する方法だと信じている場合だ。価値と原則は、信念と合わせて、**マインドセットの3要素**である。

　組織がスクラムを採用するとき、組織にはすでに何らかのマインドセットがある。組織によって出発点は異なるものの、マインドセットは似通っていて、「伝統的」なマインドセットだと言える。組織の価値観には、最初から正しい成果物を出す、早い段階で約束する、時間と予算を守る、標準に従う、といったものが含まれる。この価値観を踏まえて、**作業を計画しそのとおりに進める、変化を制限する、承認を要求する**といった原則に従って行動する。**作業は中央集権的に決められ**、「リソース」（人）に仕事が振られて、人から人へと渡り、**稼働率を最大化**する。スクラム以前の組織では、プロジェクト計画、達成率による進捗管理、頻繁な進ちょく会議、コードフリーズといった戦術によって、この戦略を実現していた。このような組織がマインドセットを変えることなく、今までの戦術をスクラムで置き換えたら何が起こるだろうか？

　作業を計画し、変化を制限し、稼働率を高めると、デイリースクラムは全員が確実に仕事していることを確認する進ちょく会議になる。**作業を中央集権的に決めている**と、デイリースクラムは、スクラムマスターとの1対1の情報共有の連続になる。毎日チームがスタンドアップをした結果、魔法のように**安全性**と**透明性**が現れるなんてことはなく、「昨日何を終わらせた？」という質問に対して長ったらしく忙しさを説明し、「困ってることは？」という質問に対して「はまっていて助けが必要」と言うのを嫌がるようになるのだ。

　同じように、組織のマインドセットはスクラムのプラクティス、役割、ミーティング、作成物の扱い方にも影響を与える。マインドセットが、スクラムの根底にあるアジャイルのマインドセットと離れれば離れるほど、スクラムの戦術は弱体化して、チームメンバーは混乱して幻滅し、本当のアジリティは減っていく。本当のアジリティを実現するには、マインドセットを身に付けよう。これはプラクティスよりもよっぽど重要だ。

---

†1　訳注：寄稿者によるまとめであり、アジャイルマニフェストにそのとおり書かれているわけではない

03 実は、スクラムの話ではない

ステーシア・ビスカルディ
著者プロフィール p.236

　スクラムは見た目には簡単で、スプリントの回し方、バーンダウンチャートの作り方、「完成」の定義のやり方などを教えてくれる。「スクラムは簡単そうに見えるけど、実際にやるのは難しい」という言葉をきっと聞いたことがあるだろう。スクラムの見た目、表から見たスクラムは整然と並んだレンガのようにシンプルだ。だが、ちょっと深く調べてみると、複雑でカオスな状況を扱うためのすごく複雑な起源、人とモチベーションの土台、リーンの名残などを見出すことができる。モダンな街路に埋もれた古代の水道のようなものだ。究極には、スクラムはバルコニーである。バルコニーから現実、ありうる未来を眺め、常に更新され改善された現実にもとづき、質の高い判断を下せるようにする。

　少し前に、「スクラムとは、組織がスプリント内で価値を提供できるかを確認するシステムインテグレーションテストだ」とツイートしたことがある。テストは、システムの失敗、障害を明らかにするので、私たちは駆けつけて直さなければいけない。そのような「バグ」、道路の穴や障害物は、ユーザー、顧客、マーケットが喜ぶ本当に重要なものを届けるという組織の能力を制限してしまう。

　突然、スクラムをやることになったとしよう。スクラムは現実を暴き、いろいろなことをテストする。反感を招くこともある。ウォーターフォールのプロジェクトと同じように、開発者は恐怖の「コードフリーズ」マイルストーンがすぎても、テスターにコードを渡したがらない。チームや組織も、スプリントと呼ばれるテストがもたらす透明性によって明らかになる現実から学ぼうとしない。

　スクラムは組織の意思決定にもインパクトを与えてしまうため、スクラムの実現は難しくなっている。スクラムを使うと、プロダクトオーナーが **What**（何か）と **Why**（なぜか）を担当し、開発チームが **How**（やり方）とデリバリーの**時期決定**を担当し、スクラムマスターが「障害を暴く者」とファシリテーターを担当するようになる。これらの役割とシンプルなメカニズムによって、複雑なプロジェクトを1スプリントずつ実施し、「ソフトウェア開発を再びプロフェッショナルな仕事」にできる。人は信頼、尊敬され、自らソリューションを探索し、究極には自身の仕事に誇りを持てるようになる。スクラムは、人を第一かつ最大限に考えて作られたフレームワークだ。これは、スクラムの5つの価値基準に受け継がれている。だが、方法論が「チェーンを破壊」してしまうと誤解している従来の考え方のマネージャーにとっては理解しづらい。

タイトルにスクラムの話ではないと付けたのは、こういう理由だ。フレームワークを使って、知らなかったことを発見する方法についての話だ。まず使い始め、見つかったことに適応しよう。優先順位、タイムボックス、役割の境界を使って、チームと組織が発見したことを理解できるようにしよう。人は失敗と未知のものを恐れるあまり、正しいことをやれないことがある。本当に失敗を受け入れられない組織でも、スクラムやスクラム以外の経験的なフレームワークを利用して、発見の旅の本質である継続的な改善をだんだん行えるようになってほしい。そう願っている。

スクラムはシンプルだ。
04 変えずにそのまま使え

ケン・シュエイバー
著者プロフィール p.237

　スクラムはマインドセットだ。複雑でカオスな問題を役に立つものに変えるアプローチだ。ジェフ・サザーランドと私は、3つの柱をスクラムの基礎とした。

1. 小さな自己組織化したチーム
2. リーン原則
3. 経験主義。頻繁に検査と適応を行い、最大限の成果を得られるようにチームを導く

　スクラムガイドは、スクラムとは何かを明確に定義する知識体系だ（そして、スクラムは何ではないかも定義する）。スクラムガイドには、スクラムの使い方、スクラムの実装方法、スクラムを使ったプロダクトの作り方は書かれていない。

　スクラムとは何か？　どう使えばいいのか？　研修やカンファレンスに参加したり、本やブログを読んだりして、みなスクラムを学んできた。だが、スクラムの本質的な学びが得られるのは、スクラムの知識を活用したいと渇望し、ビジョン、コンセプトから実際に使えるものを作ってみようとする行動からだ。やっているうちにスクラムの道理がわかってくる。スクラムによって成果をうまく出せるようになる。スクラムをやってみて学ぶのは、共通理解を形成する難しさだ。何を欲しているのか、何が可能なのか、最善を尽くして一緒に働いて成果を出すにはどんなスキルが必要なのか、といったことだ。

　2009年に、ウォーターフォールの型を破壊したことに気がついた。私たちの「アジャイルで軽量な」アプローチが、世界に出現しつつある複雑さに取り組むのに適していることに、多くの人たちが気づいた。しかし、お互いに同時に電話をしても通話できないように、スクラムの解釈も多様化してしまった。コミュニケーションの問題、不適切なモニタリングや商業的な理由など、理由はたくさんある。スクラムが自分たちのニーズを満たすプロダクトの作り方を教えてくれると思った人にとっては、スクラムは弱々しく見えた。明確に答えを教えてくれなかったからだ。

　まさに。何回も同じことを言ってきたが、スクラムは簡単だ。だが、スクラムによる問題解決はとても難しい。

　2009年に、Scrum.org（https://scrum.org）を設立したとき、私はスクラムの定義を書

いた。短いものだったが、ジェフと私にとって重要な学びと考えをすべて含めることができた。スクラムはフレームワークであり、意見や、コンテキストに依存するプラクティス、適用範囲を狭めるような制約を含めないようにした。フレームワークであり、方法論ではないのだ。

これが最初のスクラムガイドで、知識体系の決定版とした。スクラムガイドに含まれないもの、反するものはスクラムではない。ジェフ・サザーランドと一緒に、スクラムガイドを洗練、維持、保守するようになった。

スクラムガイドは、ジェフと私の仕事と、スクラムを試した多くの人たちの仕事の成果からできている。それからずっとスクラムガイドの適応を続けている。スクラムガイドには、商業的な目的はない。スクラムのリトマス試験紙になるのが唯一の目的だ。スクラムガイドを各国語に翻訳してくれた人たち、スクラムガイドの維持に協力してくれた人たちに、私とジェフは深く感謝する。

忘れないでほしい。スクラムはシンプルだ。完璧を目指すために、さらにスクラムを変える心配はしなくてよい。そうはならないからだ。世界は、複雑でカオスな問題にあふれている。あなたのスキルは、それらの問題に取り組む人たちを助けるのに役立ててほしい。自分の臍をゆっくり眺めている暇はないのだ。

Why からスクラムを始めよ

ピーター・ゲーツ
ウーヴェ・シルマー
著者プロフィール p.237

「スクラムとしては、これで正しい？」　よく尋ねられる質問だ。たいてい、そのあとにチームの具体的なプラクティスの説明が続く。質問者は、スクラムを正しく（スクラムガイドのとおりに）できているかを知りたいのだ。

　もちろんこの質問は有効だが、なぜこの質問に至ったのかを考えてみたい。チームや組織は、スクラムの仕組に気を取られ、本当の目的を忘れがちだ。顧客、ステークホルダー、自分自身への価値を生み出し、価値を改善すること。普通はこれが目的だ。

　誤解しないでほしい。スクラムガイドは重要だ。スクラムガイドには、複雑適応系の問題解決、人の働き方についての中心的な要素が書かれている。私たちは、スクラムガイドを真摯に受け止めている。スクラムガイドのおかげで、自分たちの問題を創造的かつ協調的に解決することに集中しやすくなるからだ。単にスクラムガイドを読んでそのまま適用する以上のものが手に入るのである。

　スクラムの存在理由は1つだ。「各スプリントの終了時にリリース判断可能な「完成」したプロダクトインクリメントを届けること」（https://scrumguides.org）だ。スクラムのすべての要素は、これを助けるためにある。役割は、関わる人たちの説明責任を分解して、共有できるようにする。作成物は、リリース可能なインクリメントを漸進的かつ反復的に届けるための最低限の透明性を確保する。イベントは検査と適応の機会で、作成物から得られた情報を集め、さまざまな関心領域のフィードバックのリズムを作る。このリズムがスクラムチームの仕事の流れを改善する。スクラムの価値基準[†1]は共有すべきマインドセットを記述しており、自分たちの仕事のやり方を省みて、より良いやり方を発見するのに非常に役立つ。

　スクラムガイドに書いてあることを機械的にやることもできる。プロダクトオーナー、スクラムマスター、開発チームを指名する。スプリントを設定し、チーム（とたまにステークホルダー）をイベントに招待する。プロダクトバックログとスプリントバックログを管理するツールを準備し、スクラムチームに始めるように指示する。だが、スクラムの背景や存在理由を理解し、それを定着させなければ、本当の改善は起こらないだろう。スクラムチームは、新しいゲームのルールに翻弄され、ルールの意味を見失う。最悪のケースでは、これまでのやり方と違う新しい要素を扱うストレスで疲れ果ててしまう。

---

†1　訳注：確約、勇気、集中、公開、尊敬

そのため、私たちは別のやり方を勧めている。まず、自分たちの現在の対策があまりうまくいっていないことや、改善が必要な課題について組織で話してもらう。そして、その制約をどうやったら取り除けそうか、そこにスクラムがどう役に立つかを考える。スクラムが役に立ちそうと腹落ちしてから、スクラムの導入を始める。

旅の道筋を導く北極星となる2つの質問がある。

1. スプリントごとに価値がありリリース可能なプロダクトインクリメントを届けられるか？
2. 仕事のやり方をどうやって一緒に改善できるか？

この質問によって、関心の中心をスクラムの仕組みから遠ざけられる。明確なゴール、課題に対してスクラムを使う方法を学べるようになる。ゴール達成のために、スキルとツールを継続的に改善するようになる。それによって士気が高まり、より幸せで人間的な仕事場ができていく。

ほとんどの場合、結果的に、スクラムガイドのとおりにやることになる。スクラムガイドにそう書いてあったからではなく、それが理にかなっているからだ。

06 導入してから適応せよ

ステファン・バーチャック
著者プロフィール p.237

　スクラムは最小限に近いプロセスフレームワークであり、チームにとっていちばんうまく機能するように適応させるものだ。ときどき、スクラムを導入するときに「適応」を拡大解釈して、既存の（伝統的な）プロセスの化粧直しだけでスクラムプロセスに「適応」したことにしてしまうチームもいる。適応がいちばんうまくいくのは、スクラムプロセスの価値と原則をチームがものにしてからだ。今までと異なる働き方を理解しようとするなら、実践と経験が必要だ。

　スクラムを導入するにあたって時期尚早な適応のよくある例は、チームがスクラムイベントを自分たちには合わないと判断してしまうことだ。スプリントプランニングを短縮したり、チーム全員が参加しなかったり、過去の実績をはるかに超える量の仕事をスプリントバックログに詰め込んでしまったりする。デイリースクラムが進捗ミーティングになったり、もっと悪いことに、ほかの進捗ミーティングもそのまま残っていたりすることもある。スプリントレビューとレトロスペクティブは駆け足でやるか省略する。要は、イベントは名ばかりで、スクラムの価値が伝わっていないのだ。これではダメだ。チームがスクラムの価値を得られないだけならまだマシだ。最悪なのは、スクラムもどきやハイブリッド型の手法が無駄なオーバーヘッドを増やし、パフォーマンスを悪化させることだ。

　こうなる理由は組織によってさまざまだが、2つの共通する要因が関係してくる。第1に、ストレスがかかると人はこれまでのやり方に簡単に戻ってしまうことだ。変化は何にせよ難しく、学習も労力も必要になる。第2に、スクラムは理解は簡単でも使いこなすのは難しいことだ。スクラムイベントをやるだけがスクラムではない。チーム全員が規律を守り、プロセスがうまくいくように全力を尽くすことが求められる。

　スクラムのプラクティスは、そのまま導入してから適応すること。プラクティスは、新しい仕事のやり方を理解し、自分のものにするのに役立つだろう。いかにしてプラクティスが価値を生み出し、スクラムの原則に裏付けられているかを理解するまでは、スクラムをカスタマイズする誘惑に負けないこと。最低でも3〜5スプリントくらいは「本に書いてあるとおり」スクラムをやってみよう（文字どおりスクラムガイドでもよいし、さらに説明が必要ならスクラムについて書かれた素晴らしい書籍のうちの1冊でもよい）。スプリントレトロスペクティブの時間の確保も忘れないようにしよう。レトロスペクティブで、コラボレーションとデリバリーにスクラムプラクティスがどう影響したかを確かめよう。

「スクラムってこうなんだ！」というアハ体験が得られることもある。

　スクラムの価値を本当に理解している自信があるなら、枠にとらわれずに自由に適応させればよい。スクラムは多くの組織が慣れ親しんでいる働き方とはまるで違うため、ほとんどのチームはプラクティスの価値を理解するために実践が必要になる。ほかに成功する方法がないとまでは言わないが、適応する前に適切なベースラインを持っておくのがいちばんだ。

トッド・ミラー
著者プロフィール p.238

> シンプルなほうが豊かな結果を生む
>
> ——イヴォン・シュイナード[1]

　何年も前、ある会社のスクラムマスターの仕事を辞めて、別の会社にスクラムマスターとして移った。辞めた会社のスクラムチームは素晴らしかった。うまくコラボレーションし、スクラムの使い方もうまくなり、素晴らしくうまくいくようにプラクティスを実装し、偉大なプロダクトを作っていた。だが、私には新しいチャレンジが必要だった。

　新しいスクラムチームに参加した。チームは新しいプロダクトを開発するのだ。チームとしての最初の数日間、だいぶ長い時間をかけてスクラムについて議論した。共通理解を得て、全員が同じ言語を喋れるようになるのに役立った。全員が、スクラムを活用して新しい複雑なプロダクトを作ることに熱意を持っていた。

　そうしているうち、プロダクトバックログは最初のスプリントを始めるのに十分な状態になった。最初のスプリントの前に、丸1日かけてチームのキックオフをした。私は細心の注意を払ってキックオフの計画を練り、きっと新しいチームでもうまくいくプラクティスを強く推奨しようとした。前のスクラムチームで得た知見を新しいチームでも生かそうとしたのだ。時間をかけてプラクティスをまとめ、当日の密度の濃い共同作業をファシリテーションした。

　セッションはとてもうまくいった。スクラムチームは、最新のプロダクトバックログを議論し、最初の数スプリント分が適切に順位付けされているのを確認した。最初の「完成」の定義も十分以上だった。だが、次にチームのワーキングアグリーメントの説明を始めた頃、ちょっと様子が変わり始めた。なぜ必要なのか？とメンバーが質問し始めたのだ。最初の1週間の作業では、あれほどうまくコラボレーションできていたにも関わらずだ。部屋のなかの緊張が急に高まるのを感じ、私はそのトピックをおしまいにして、次のトピックに進もうとした。驚いたことに、次のトピックでもメンバーは同じような反応だった。私が自分のやり方を入れようとするたびに、状況は悪くなっていった。

　その質問は突然だった。「なんで、そんなに難しくしちゃうの？」　私は答えに詰まった。

---

[1]　イヴォン・シュイナード、「新版 社員をサーフィンに行かせよう——パタゴニア経営のすべて」（ダイヤモンド社、2017）

「前の仕事で、そのプラクティスはうまくいっていたんだ」と答えるのが精一杯だった。チームメンバーも不満そうだったし、私も不満だった。居心地の悪さを感じたが、キックオフの日の計画や自分の野望を捨てて、最初のスプリントの準備はできていると宣言した。

最初は混乱したが、私にとってこの状況は素晴らしい教訓になった。複雑なドメインでは、ある状況で使えた方法が、ほかの状況で使えるとは限らない。新しいスクラムチームは、素晴らしい仕事をし、発見したことに応じてプラクティスを変えていった。

複雑な仕事をするのに大事なのは経験主義だ。この経験が、いつも私にそれを思い出させてくれる。透明性をもとにして、頻繁に検査と適応を繰り返すこと。スクラムにおける経験主義は、プロダクトの機能を発見するためだけではない。スクラムで利用しているプラクティスもその対象だ。新任のスクラムチームにだけ当てはまるわけでもない。既存のスクラムチームも、余計なプラクティスが山ほどあることを発見することもある。余計なプラクティスは、チームが自分自身を見て（検査）、方向を変え（適応）、みんなに知られるようにする（透明性）能力の邪魔をする。

スクラムで使っているプラクティスが、現時点で有効かどうかを頻繁に確認し、経験主義をうまく使えるようにしよう。

スクラムは地理的に分散した開発 08 でも使えるか？

ピート・ディーマー
著者プロフィール p.238

（ネタバレ）使える。地理的に分散した開発でもスクラムは素晴らしくうまくいく。だが、銀の弾丸ではないので、魔法のようにはいかない。

スクラムはとてもシンプルなプラクティスの集まりだ。すべてを使うことで、高い透明性を保ち、自分たちの置かれた現実をより明確に見られるようになる。スクラムは、1週間から4週間という期間で自分たちに何ができるかを明らかにする。スクラムは、作ったプロダクトが適切だったか、品質を保っていたか、どれだけの量を完成できたかも明らかにする。スクラムは、機能不全のパターンや犯した間違いも含めて自分たちのプラクティスが有効だったかどうかを見せつけてくれる。何より大事なのは、スクラムはそのような知見を次のスプリントに活用する機会を与えてくれることだ。「地理的に分散した開発でもスクラムは素晴らしくうまくいく」というのは、スクラムは、自分たちが経験している機能不全や非効率を明確に見せつけてくれる、という意味だ。そして分散プロジェクトは、機能不全や非効率をたくさん抱えやすい。

本質的には、ソフトウェア開発は、人間の考えと論理思考の結果をコードの形で繰り返し実行できる形にすることだ。共通の理解、コラボレーション、コミュニケーションを通して考えを語り合う能力が、ソフトウェア開発チームのアウトプットを左右する。地理的に分散したプロジェクトには物理的な分断、タイムゾーンの分断、文化・言語による分断、文化・言語のバリアに起因するさまざまな困難など、無数の分断がある。そのため、このような活動が難しくなってしまう。

分散したチームによる最初のスプリントは、たいていの場合、機能不全のオンパレードになってしまい、「これはうまくいかない」という結論になりがちだ。この認識こそが、成功のための大事な最初のステップだ。次のステップはうまくいかなかったことを集め、次のスプリントではもっと上手にやるためのアクションを生み出すことだ。

たとえば、最初のスプリントではプロダクトインクリメントが「完成」の定義を満たせなかったかもしれない。スプリントレトロスペクティブで、スプリントゴールの共通理解がなかったとか、チーム内のコミュニケーションが足りず調整がうまくいかなかったとか、チームメンバー同士の信頼が足りなかったといった問題の根本原因を見つけられるかもしれない。その結果、次のスプリントではそれぞれの原因に対してアクション（アクションのアイデアについては、『Distributed Scrum Primer』（https://oreil.ly/iOKbL）を参照し

てほしい）がとられ、ちょっとだけマシな結果を残せる。その後のスプリントで、さらに別の問題が明らかになり、毎回新たな改善対象が見つかることもよくある。スクラムチームはスプリントごとにだんだんと進化し、より良い仕事のやり方を見出していく。

　スクラムは、地理的に分散したチームを「魔法のように」有効に働けるようにするか？というと、そんなことはない。そんな能力のある方法論は存在しない。そういう効能をうたっている方法論はあるようだが、そんなものはない。スクラムによる劇的なイノベーションは、方法論で成功を導けるというアイデアを拒否したところにある。代わりに、スクラムは、検査と適合を繰り返すシンプルなフレームワークになった。それぞれ固有の環境や特徴に対して継続的に透明性をもたらし、改善の機会を提供するようになったのだ。成果は、チームがどれだけ大胆なアクションをやりたいか、やれるかにかかっている。

「複数のスクラムチーム」と「複数チームによるスクラム」の違いを知ろう

マーカス・ガートナー
著者プロフィール p.238

　開発チーム単体でなくプロダクト規模でスクラムを適用するとなると、スクラムガイドにはほとんど指針がない。大部分が1チームでのスクラムに焦点を当てているように思えるのだ。ヒントになるのは唯一プロダクトバックログについてのセクションだ。

　　複数のスクラムチームが同じプロダクトの作業をすることがよくある。そうした場合、プロダクトの作業は1つのプロダクトバックログに記述する。また、アイテムを分類するための属性をプロダクトバックログに追加することもある。

　つまり、**複数チーム**においても、**1つ**のプロダクトバックログを使用することが推奨されているのだ。1つの同じプロダクトに従事する「複数のスクラムチーム」以外に、プロダクトオーナー、開発チーム、スクラムマスターといった役割については何も触れられていない。
　だが優先順位はどうすればよいだろうか？　スクラムガイドを文字どおり取るなら、プロダクトに従事するスクラムチームにはそれぞれプロダクトオーナーがいるか、もしくは、全チームのプロダクトオーナーを同じ人がやる場合があるだろう。
　一般的には、これが「複数のスクラムチーム」と「複数チームによるスクラム」の違いだ。

複数のスクラムチーム

　「複数のスクラムチーム」は一般的に、それぞれの開発チームに1人のプロダクトオーナーがいるが、プロダクトバックログは1つだ。つまり、プロダクトオーナーの役割にあたる人たちがそれぞれの優先順位について互いに調整し、プロダクトのために取り組むべき最も価値のあるアイテムを見つけ出す必要があるということだ。
　この構成は、開発チームに異なる専門性を持たせることにつながるようだ。そこでは、別々のチームがプロダクトの担当機能エリアの範囲だけで働く。これは専門的なテーマがそれぞれのチームに均等に分散されていて、近い将来もその状態が維持される場合にはうまくいく。そうでない場合（その可能性のほうが高いだろうが）、その種類の仕事がチームの専門だからという理由だけで、優先順位が低く、したがって価値も低い仕事をすることになるチームもあるかもしれない。
　このような構成は一般的に、プロダクト全体の理解と透明性を低下させる。プロダクト

についての深い知識が、複数のスクラムチームにだけでなく、それぞれのプロダクトオーナーに分散してしまう。特定のフィーチャーの開発が終了したあとに、顧客とユーザーに対してリリースできるプロダクト全体に結合するために、プロダクトの部分的な結果について追加で調整が必要になる。残念ながら、「複数のスクラムチーム」の構成がチームをまたがるコラボレーションにもたらすインセンティブはほとんどない。なぜなら、この構成が生み出すオーバーヘッドによってすべてがもっていかれるからだ。

複数チームによるスクラム

「複数チームによるスクラム」の構成では、プロダクトバックログが1つであるだけでなく、複数の開発チームと働くプロダクトオーナーもただ1人だ。唯一のプロダクトオーナーはプロダクト全体に及ぶ意思決定を行い、その決定はただ1つのプロダクトバックログと、プロダクトの変更箇所という形で完全に透明化される。

この構成では、チームによる機能横断的なアプローチが必要になる。顧客のドメインにおける専門化はなお残っているかもしれないが、優先順位と要求が変化し始めたら解消されることになるだろう。たとえばプロダクトバックログの最優先事項から会計系のフィーチャーがなくなれば、会計系に従事していたチームはほかのフィーチャーに移らなければいけなくなる。

したがってこの構成は、チーム同士自らが調整する必要性を生む。スプリントの終わりには、結合されたプロダクトの「インクリメント」を確実にデリバリーする必要があるのだ。

どこから始めるかによって、学習曲線が急勾配になることもありうる。それだけの価値はある。

10 「完成」で何を定義するか？

ギュンター・ヴァーヘイエン
著者プロフィール p.238

　商機を捉え、ビジネスで成功したいと考えているチームや組織がある。スクラムは、「完成」したインクリメントを保証することで、チームや組織を助けることができる。それぞれスプリントの終わりまでには、リリース可能なプロダクトが完成するのだ。スプリントの長さは最長でも 4 週間（通常はもっと短い）なので、組織は、マーケットへのプロダクト投入を早め、機会をものにして、価値を生み出せる。

　「完成」の意味するところに透明性がなければ、スクラムを効果的に適用するのは難しい。**「完成」の定義**によって、全員が「完成」の意味を理解するのだ。インクリメントが提供するプロダクトの機能の想定価値を考えるには、「完成」の共通理解は欠かせない。開発チームがスプリント中にどれだけ完成させられるかを見積もるにも、完成の定義による明確な基準が必須だ。スプリント中、どのプロダクトバックログアイテムがインクリメントとして完成しているかをチームが判断する基準となるのが完成の定義だ。

　プロフェッショナルな組織は、完成したインクリメントしかリリースしない。スクラムのプロフェッショナルは完成の定義にこだわる。常にだ。**インクリメントに「未完成」のものは含まれない。未完成のものが本番環境に入ることはない。絶対にだ。**プロフェッショナルは、完成の定義をふりかえった結果を踏まえて、プロダクトの品質を上げる方法に反映する。

　実際にリリースできるプロダクトのインクリメントを作れないチームは、世界中にいる。コードもテストも、チーム内ではできているかもしれない。だが実際のインクリメントは、長い時間が経過したブランチに散らばって埋もれたままだ。スプリント終了時のコードが、依然としてほかのチームのコードと統合が必要なこともある。さらにひどい場合には、統合してもらうために、ほかの組織に向けてリリースしなければいけないこともある。このような場合、スクラムは、組織のアジリティを妨げる重要な組織的機能不全をつまびらかにする。かなり長い「未完成」の時間が残っている。未完成の仕事を完成したインクリメントに仕上げるために必要な時間だ。この無駄な遅延が、機会を捉えたリリースを不可能にする。

　ほかのチーム、業務部門に成果をリリースできるようにすることだけがスクラムのスプリントの目的ではない。インクリメントは、使える状態であることが期待されている。実際に使える状態だ。インクリメントは、最低でも本番環境にデプロイできる状態でなけれ

ばいけない。完成の定義は、その状態を記述するのだ。

　多くの場合、チームはインクリメントを「リリース可能」と判断するために、実行されるべき**開発活動**を完成の定義に含める。たとえば、ペアプログラミングされている、もしくはコードレビューされているとか、単体テストされている、受け入れテストされている、統合、回帰、性能テストが終わっているといったものだ。これらは確かに、開発標準としては素晴らしい。透明性も向上する。だが、完成の定義としてはどうだろうか？　ソフトウェア以外の産業を考えてみてほしい。使っている機械、ツール、やり方で「品質」が定義されていることがあるだろうか？　品質の作り方ではなく、品質そのものを定義できているだろうか？

　品質は、プロダクトの持つ性質によって定義されるのが望ましい。スクラムにおける完成したプロダクトは、適切な開発標準に厳密に従って作っただけでは不十分だ。完成したプロダクトは、組織が想定した品質を示すものでなければいけない。プロダクトの内部構造も含め、組織の基準、保守の基準に従っていて、価値のある機能だけが含まれており、ユーザビリティの基準にすべて従っていなければいけない。

　完成の定義は、**リリース可能な**インクリメントを作るために必要な作業だけではない。**価値のある**インクリメントを作れるガイドとなるように、完成の定義を変えていこう。

どうやって心配するのをやめて
11 スクラムを始めたか

サイモン・ラインドル
著者プロフィール p.239

　この話は 2006 年に初めてスクラムをやったときのものだ。私たちはコールセンターの管理対象ドキュメントをスキャンして処理するという複雑で難しい新システムを作っていた。

　私を含むチームメンバーのほとんどはエクストリームプログラミングを適用していたプロジェクトから移ってきた。私たちはスクラムを使ってデリバリーを改善しようとしていた。

　私たちはスプリントを開始し、3 週間のリズムで作業を進めた。自動化した環境があって、インストール用のファイルとスクリプトを生成して、それをテストサーバーにコピーしてインストールし、夜通しテストを動かしていた。これはとてもうまくいっていると思っていた。

　かなり新しい技術で全体を実現していて、その技術がアーキテクチャーとプロダクト戦略の要になっていた。数スプリントが経過して、状況は厳しさを増していった。土台になる多くの作業は終わり、適切に統合されていない部分を組み込もうとしていた。私たちが使っている技術の専門家は、これからスプリントレビューに向けて進めなければいけないという大変な時期にも関わらず、時間が取れなかった。

　スプリントレビューがやって来たが、見込んだとおりのものを追加して統合することができなかった。実際、何も見せるものはなかったのだ。最後のビルドは壊れていて、インストールすらできなかった。何もテストしていないものだけが残っていて、チームとして自信を持って使えるものを共有することもできなかった。コールセンターチームの担当マネージャーである上位のステークホルダーが出席していて、とても期待して待っていた。

　チームとして、インクリメントがないことはわかっていた。そのことを出席者全員に伝えた。自分たちの「完成」の定義を満たしていないため、何も見せるものはないと言ったのだ。

　少なくとも**何か**見られるだろうという期待から、静寂と緊張した沈黙が生まれた。私たちはスプリントのゴール、計画がどうなったか、遭遇した課題について話した。私たちにとって完成とはどういう意味なのかを説明し、プロダクトがその状態にないことを伝えた。動作するプロダクトと次のフィーチャーを手に入れるための計画を議論した。

　私たちの話を我慢して聞いたあと、動作するプロダクトが作れないならプロジェクトは中止すること、すぐに何かを見せるようにすることを言い渡された。

そうしてステークホルダーは去っていった。

そのあと、スプリントレトロスペクティブをした。

集まったときには緊張感にあふれていた。私たちは怒っていて、フラストレーションを抱えており、がっかりしていた。数週間も頑張ったのに、見せられるものがなかった。それどころか、開発キャンセルの瀬戸際まで追い込まれたのだ。イベントは白熱し、声が大きくなっていった。告発や文句も出たし、口喧嘩もあった。だが、幸いなことに、そのあとでとても集中した議論ができた。全員が、あの空間には戻りたくないと思っていた。それでも、自分たちのプロジェクトが中止になってしまうという恐怖感とパニックは残っていた。

数スプリント後のスプリントレビューに、私たちは完成した新たなフィーチャーを持ち込んだ。私たちは、その出来にとてもワクワクしていた。私たちはそれを同じステークホルダーに見せた。

「これはリリースできるのかしら？」 彼女はそう聞いた。

「はい、プロセスを通すために承認してもらうだけで大丈夫です」

「明日の朝 9 時までに絶対リリースしてください。このフィーチャーは本当に価値があります！」

このアイテムは本当に完成していたので、本番環境にすぐにリリースした。すぐに、このフィーチャーがこのプロダクトを使っているチームのいちばんのお気に入りになって、結局、マネージャーを喜ばせることもできたのだ。

これが、私が心配するのを止めてスクラムを始めた方法だ。

第II部
価値を届けるプロダクト

12 失敗する成功プロジェクト

ラルフ・ヨチャム
ドン・マクグリール
著者プロフィール p.239

　成功は受け取る人次第であり、プロジェクトの話をしているのかプロダクトの話をしているのかで、成功の尺度がまったく違ってくる。プロジェクトは、スコープ、時間、予算を守ることが成功であり、プロダクトは、顧客の満足、収益の増加、コストの軽減など、つまり価値を提供できたときに成功となる。

　長い目で見たとき、企業にとってどちらがより重要なのか。プロジェクトの成功か、プロダクトの成功か。答えはだいぶ明らかで、顧客に現実の価値をもたらすのはプロダクトだ。ピーター・ドラッカーはマネジメント思考の分野で多くの著書を残しているリーダーだが、その著書『現代の経営』（ダイヤモンド社、1965）[1]のなかで「マネジメントが存在する唯一の理由は顧客を創造することである」とはっきりと述べている[2]。

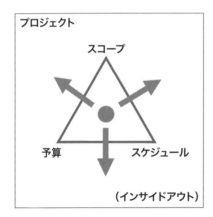
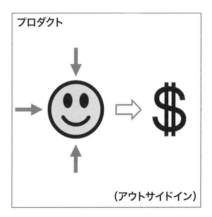

　ここにプロジェクトマネジメントの三角形がある。プロジェクトマネジメントではよく知られたもので、スコープが契約であり、スケジュールが約束であり、双方を合わせて予算である。この「インサイドアウト」のアプローチでは、成功は内部要素によって決まる。この内部要素によって、ステークホルダーがプロダクトをどう使わなければいけないかが

†1　原著『The Practice of Management』（HarperBusiness、1954）
†2　訳注：原著では「Because the purpose of business is to create a customer」と書かれている

決まる。だが、これがよいとは限らない。

　一方で、プロダクトは顧客価値に明確に焦点を合わせている。アルムクィスト、シニア、ブロックが論文『The Elements of Value』（https://oreil.ly/I4ga4）で指摘しているように、顧客価値は、時間の節約、人とのつながり、不安の軽減、アクセスの提供、モチベーションの向上など、さまざまな形で提供されている。

　これは顧客第一主義という明らかに別の視点であり、経験的なプロダクト開発およびデリバリーによる継続的なフィードバックにもとづいている。このアプローチは「アウトサイドイン」として知られ、チームがなかで何をするかを決定する外部要素によって成功と進捗が計測される。

　プロダクト脳がプロジェクト脳より優れていると理解できてやっと闘いの半分だ。リーダーシップのレイヤーと、相互接続された数多くのシステムの中に埋もれているチームや組織では、自分たちのプロダクトが何なのかを認識することさえ難しいことがある。

　プロダクトは物理的な商品である必要はない。サービスであることもある。生産者（成果を出す人）がいて受益する顧客（成果を使う人）がいる限り、プロダクトは存在する。一般的に、プロダクトは顧客のニーズを解決するものである。これはいちばんの動機になるはずだ。うまくやれば顧客のニーズは満たされ（満足が先）、プロダクトをたくさん使う。収益の増加とコストの軽減がそれに続く（利益があと）。

満足が先　　　　　　　　　利益があと

　まとめると、あなたのプロダクトを定義するところから始めることだ。顧客は誰で、ニーズは何か？　そのニーズを満たすような価値ある提案は何か？　その潜在的価値についての仮説を立て、それを裏付けるアウトサイドインのメトリクスを特定しよう。顧客の手に実際にリリースを届けてこそ、アウトサイドインのメトリクスに変化をもたらすことが可能になる。そのことを忘れないようにして、進捗に応じて検証しよう。

「あなたのプロダクトは何？」という問いに答える

13

エレン・ゴッテスディーナー
著者プロフィール p.239

　不思議の国のアリスに「もしどこに向かっているのかわからないなら、どんな道でもたどり着ける」というセリフがある。ソフトウェア開発チームにもそのまま当てはまりそうだ。最高のスクラムチームであっても、「あなたのプロダクトは何？」という簡単な問いに答えられないこともある。

　スクラムとはプロダクトの探索とデリバリーを継続的に行うことだ。プロダクトが成功するには、顧客に欲しがられ、ビジネス的に成長可能で、開発と保守が技術的に可能でなければいけない。この文章の主語に注目してほしい。**プロダクト**だ。プロダクトが何であるかを理解していないと、いろいろな形で問題が現れる。

　スクラムと同じくらい直感的に理解できるように、プロダクトオーナーはガイダンスの提供とプロダクトの監督をする必要がある。プロダクトオーナーという役割は簡単ではない。プロダクト定義の失敗は、あらゆる問題を引き起こし、チームの満足度やプロダクトのアウトカムにまで影響を与える。

　同一の顧客、同一のドメインに多数のプロダクトバックログが存在することがある。似たようなアイテムを含んでいたり、互いに食い違っていたりもする。複数の「プロダクト」のあいだで機能が重複し、リリースマネージャーやプログラムマネージャーのような調整役が必要になる。そのようなプロダクト群のエンドツーエンドのユーザー体験はひどいものになる。手間がかかりすぎるし、イライラさせられる。プロダクトオーナーたちは、優先順位付けとフォーカスの設定に苦労することになる。局所最適化が行われ、組織全体としてのゴールの達成を妨げる判断、アクション、構造が生み出されることになる。プロダクトが明確に定義されていないことによる弊害の一部だ。

　プロダクトオーナー、開発チーム、ステークホルダーがプロダクトを定義するのを支援するのは、スクラムマスターの重要な仕事だ。スクラムマスターは、これを円滑に進める。以下に挙げる3つのプロダクト定義の原則を適用する。

原則1：アウトサイドインの考え方を適用する

　　　エンドユーザーと購買意思決定者、両方の顧客の視点からプロダクトを定義する。ユーザーは何らかの利益を得るため、もしくは課題を解決するためにプロダクトと直接関わる。購買意思決定者とは、プロダクトを買うかどうかを判断する人の

ことだ。開発チームが、チーム自身やプロダクトオーナーのインサイドアウトの先入観にもとづいてプロダクトを作ってしまうことは多い。一方、アウトサイドインの考え方は、謙虚かつ啓発的だ。スクラムチーム全体が、共感と好奇心を持ってプロダクトに取り組める。

原則2：長期的な視点を持つ

プロジェクトは生まれたり、死んだりする。成功しているプロダクトは健康で長生きだ。プロダクトは導入、成長、成熟、衰退というライフサイクルのどの段階でも進化し変容する。継続的な発見とデリバリーはプロダクトを助ける。新技術の採用と新たなフィーチャーの開発は、プロダクトの提供価値の向上に必須だ。この原則により、別のプロダクトを開発する必要性を減らせる。イノベーションにより、プロダクトの事業性、顧客体験、プロダクト品質を向上できる。

原則3：プロダクトを可能な限り大きく定義する

プロダクトの大きな定義は、スクラムチームに多くの選択肢を与え、コミュニケーションをシンプルにし、役割を明確にし、優先順位の確定を助ける。プロダクトを狭いスコープで定義しないことで、人とリソースを最適化できるようになる。大きく定義したプロダクトには多くのメリットがある。

- 組織システムの最適化により、高いレベルのゴールへ到達できる
- バックログの管理と優先順位付けがシンプルになる
- 戦略計画とロードマップの定義がより簡単になる
- 意思決定をそろえやすくなる
- 顧客と組織のコミュニケーションが明確になる
- プロダクトが組織構造に影響を与える

スクラムによるプロダクト開発には、明確なプロダクトの方針が必要である。「あなたのプロダクトは何？」という本質的な問いに対し、一貫した答えが共有されていることは、非常に大きなメリットがある。**自分のプロダクトが何なのかを知っていることは、スクラムを使って成功裏にプロダクトを届けるのに欠くことのできない基礎となるのだ。**

14 ビジネスに舵を取り戻すスクラム

ラファエル・サバー
著者プロフィール p.240

　ソフトウェア開発に対する従来のアプローチにおいて、約束といえば合意したスコープがスケジュールや予算に収まるようにすることだった。**スコープと時間と予算の組み合わせが従来の「成功」の定義**だったのだ。スコープを小さくて実行可能な作業の単位に分解し、見積もり、積み上げ、たっぷりとバッファ（コンティンジェンシーと呼ばれるものだ）を加えてから、期日を決定するのが通常だった。期日や予算が決まったあとにスコープが調整されていたなら、あなたは運がよかった。でき上がった計画には、最終的な成果物に収束させるために実行が必要なすべての作業が含まれており、チームは山のようなタスクをかきわけて進む必要があった。期間の大部分で実際の進捗はかなり不透明だったが、タスクリストのチェックではいつも青信号になっていた。最終日に近づくにつれ、実際のリリースを予定通り行うのは難しいと否が応にもわかった。

　これは、非常にリスクの高い「オール・オア・ナッシング」手法だった。変更の余地がほとんどなかっただけでなく、約束された結果が約束の日までに実際に準備できるという保証もほぼなかった。

　このような従来の手法では、ビジネスはプロダクトのマーケット投入までの時間を制御できないばかりか、このままやっていてもプロダクトがリリースできるのかできないのか現実的な見識すら持てなかった。明らかにビジネスは舵を取って**いなかった**のだ。

　スクラムでは、プロダクトを短いサイクル（スプリント）で作り、各スプリントの終わりにリリース可能なインクリメントを作り出すことになっている。単に計画されたタスクを遂行するのではなく、実際のユーザーにリリース可能で現実の価値を提供する「完成」バージョンに収束させていくことが中心となる。毎スプリント、その時点でプロダクトが解決しなければいけない課題のうち最も重要だと思われることに取り組む。毎スプリント、プロダクトオーナーの語るビジネス情報と優先順位にもとづいて、顧客やユーザーにとって最も価値が高いものについての仮説を立てる。もう長期計画でわからないことが多くても目をつぶらなくてよい。

　スクラムのおかげで、私たちはあの伝統的なオール・オア・ナッシングのブラックボックスを避けることができるのだ。各インクリメントは、デリバリーの機会だけでなく、顧客やほかのステークホルダーのリアルで頻繁なフィードバックを早期から提供してくれる。インクリメントは、仕事を完成させるための安全なステップなのだ。私たちは、プロダク

トが実際どのように使われるのかについての理解を徐々に深めていく。その助けとなるのは、分析ツール、ヒートマップ、A/B テスト、カウンターなどいろいろだ。

これらすべてのフィードバックは、スクラムチームがスプリントごとに、次に重要な課題を解決するバージョンを作るための助けとなる。スクラムにおける進捗は、計画に従うことでなくフィードバックに適応することで達成していくのだ。

ビジネスにとって、早期から頻繁にデリバリーすることは理にかなっている。スプリントの終わりまでにはリリース可能なプロダクトができている。（従来の手法のように）メジャーリリースを期待して待つ代わりに、スクラムを通して、ビジネスは定期的にデリバリーの機会が得られる。リリースするかどうかは、ビジネスの決定事項になる。スプリントの終わりかもしれないし、いくつかのスプリント分の成果をまとめるかもしれないし、スプリント中にすることもあるかもしれない。

マーケット投入までの時間は今やビジネス上の決定事項であり、それが本来であるべきだ。スクラムはビジネスに舵を取り戻す！

プロダクトマネジメントのすきまに
15 気を付けろ

ラルフ・ヨチャム
ドン・マクグリール
著者プロフィール p.239

　ほとんどの会社にはビジョン、マーケットトレンドの予測、新規顧客の獲得戦略、既存顧客の維持戦略があるだろう。スクラムを使っているほとんどの会社は、プロダクトを開発、リリース、保守する経験豊富な従業員を抱えている。理論上は、素晴らしいスクラムチームによって実行される素晴らしいビジネス戦略が成功をもたらす。だが、現実はそんなことはまれだ。

　原因を詳しく見てみると、スクラムマスターのスクラムに対する態度に課題があることがわかる。内側を向いて、開発チームだけにフォーカスを置いているスクラムマスターが多いのだ。機能横断チーム、チームビルディング、技術選択、開発プロセスに重点を置き、外部の影響から開発チームを守ろうとする。それらはもちろん大事なことだが、スクラムをチームのプロセスとしてしか適用せず、会社のビジョンやプロダクトの戦略とのつながりを軽視してしまうと、組織的断絶を生むことになる。『The Professional Product Owner』（Pearson、2018）という本で、私たちはこの断絶を**プロダクトマネジメントのすきま**と呼んでいる。

　すきまは、自分でそれを埋めようとする。積極的に対処しない限り、プロダクトマネジメントのすきまは、ドキュメント、マイルストーン、プロジェクト検証など、プロセス関連の作成物で埋め尽くされる。これにより、活動基準による、ドキュメント中心で受け渡しの多いシーケンシャルなプロセスができ上がる。結果として、時間、理解、そして品質が失われる。このプラクティスの中心にはプロセス適合性があるため、間違った質問に対する答えを求めようとするようになる。予算どおりか？　納期どおりか？　このような**アウトプット**のメトリクスは、**アウトカム**を無視して顧客価値をおざなりにする。そして、それぞれのチームとマネージャーは、計画（と官僚主義）にどれだけ従えるかという評価で縛られることになる。

　マネジメントと開発チームの断絶を防ぐため、新たなプロダクトの開発や既存プロダクトの拡張を計画するとき、スクラムマスターはプロダクトオーナーと働かなければいけない。プロダクトマネジメントのすきまを下の図にある3つのVで賢く埋めよう。Vision（ビジョン）、Value（価値）、Validation（検証）だ。

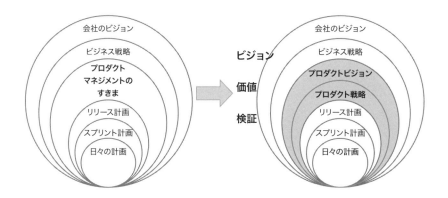

　プロダクトには顧客のニーズを満たす明確な**ビジョン**が必要だ。うまくやれば、ビジョンによってステークホルダーと開発チームを戦略に沿って結集させ、結束、創造性、**価値**を高めることにつながる。

　スクラムで価値を決められるのは実際のマーケットだけだ。プロダクトを実際のユーザーの手に渡して、実世界の仕事をさせてみなければいけない。それまでは、仮説にもとづく在庫、つまりただの想定にすぎない。価値とは主観的なもので、すばやく分析してフィードバックを得る能力に依存する。経験的なフィードバックループによって、マーケットによる価値の**検証**が可能になる。透明性を確保し、検査、適応ができるようになる。また価値を生むためには、プロダクトオーナーと開発チームが密接にコラボレーションし、仕事の目的と互いの懸念事項を完全に理解できるようにならなければいけない。プロダクトはリリースするまで価値はなく、コストでしかないことをプロダクトオーナーが理解できるよう、スクラムマスターは支援する。想定した価値がなかったことがわかっても、適切な検証ができれば方針変更ができる。フィードバックループが短いほど、価値をより早く頻繁に生み出せるようになる。

　プロダクトマネジメントのすきまを埋めるのはプロダクトオーナーの仕事だ。会社の戦略とプロダクトの提供をつなぐ触媒として機能するのだ。そして、そのタスクにはスクラムマスターのサポートが欠かせない。

フローフレームワークによる組織全体へのスクラムのスケーリング

16

ミック・カーステン
著者プロフィール p.240

　スクラムは身に付いている。組織には、作業やデリバリーを組み立てる強力な方法を活用できるような幅広いプラクティスやツール、トレーニングがある。では、なぜ大きな組織の大部分が、個々のチームを超えてスクラムの利点を組織に拡げていくのに苦労しているのだろうか？　ビジネスやITのリーダーと何度もミーティングをした結果、同じ結論に至った。スクラムの言葉とプラクティスをビジネス側に拡げるのに失敗しているのだ。代わりに、リーンシンキングを組織全体に適用できるように、アジャイルのプラクティスをビジネスの言葉と結び付けなければいけない。

　ビジネスリーダーとエンジニアのあいだには、言葉と文化の両方の壁がある。ビジネスの文化では収益やコスト、顧客の観点で話をする。スクラムの文化ではユーザーストーリー、イテレーション、顧客の観点で話をする。土台にある概念が両者を結び付ける。顧客に価値を届けることに集中するというものだ。この問題は、スクラムとビジネスの言葉や文化を翻訳するために作られた組織的なレイヤーに起因する。一般的に、ビジネス側はこのギャップを埋めるためにプロジェクトマネジメントのプラクティスを適用する。これは重大な間違いだ。

　スクラムの周りにプロジェクトマネジメントのレイヤーをかぶせてしまうと、ウォーターフォールプロセスに逆戻りしてしまう。このような間接的なレイヤーと、それに関連した受け渡しによってスクラムチームとビジネスを切り離してしまうのは、スクラムの目的を損なうものだ。だが、ビジネスリーダーが数千人のスタッフを管理するのにアジャイルチームのプラクティスを直接適用しようとするのも、同じように無駄なアイデアだ。プロダクトオーナーが両方の世界を橋渡しできるように成長するだけでなく、スクラムでの働き方とビジネス側が理解できる言葉をつなげる新しい管理モデルが必要になる。

　フローフレームワーク[1] の目的は、アジャイルチームの日々の取り組みよりも抽象度を高くしたスクラムとアジャイルの概念をビジネスに持ち込むことである。ユーザーストーリーとストーリーポイントは、4つのフロー項目（フィーチャー、欠陥、リスク、負債）で置き換える。このように翻訳することで、ビジネス側はソフトウェアデリバリーのダイナミクスが理解できるようになり、双方向の理解が進むのだ。たとえば、技術的負債や、アーキテクチャーへの投資とフィーチャー開発のトレードオフの必要性を双方で理解できるよ

---

†1　訳注：フローフレームワークの詳細は、https://flowframework.org/ を参照

うになるのだ。

　いちばん重要なのは、単一のチームの作業を計測したり管理したりするのではなく、双方が共有するいちばん重要な概念である顧客にもとづいて、ビジネスとスクラムチームのあいだに組織的なレイヤーを作ることだ。フローフレームワークはそのために役に立つ。プロダクトのバリューストリームを中心としてデリバリーの流れを作ることで、双方が確実にビジネス価値の流れに沿うようになり、流れを妨げるボトルネックや障害を除去できるようになる。大きな組織では、プロダクトにおける意味あるバリューストリームには、複数のチームが必要になる。したがって、この抽象化はスクラムオブスクラム[†2]のレベルで行う必要がある。顧客中心のバリューストリームの流れを定義して、計測し、管理しよう。新しい働き方をビジネス全体にスケールするのに、これまで慣れ親しんできたプラクティスを使える時がついに来たのだ。

---

†2　訳注：スクラムを複数チームの規模に拡大する場合に使われるアプローチの1つ

17 ビジネス価値を真正面に据える

アラン・オカリガン
著者プロフィール p.240

　スクラムチームの仕事は、開発しているプロダクトの顧客に可能な限り最高の価値を届けることだ。すなわち、最も基本的な意味で、スクラムチームは**ビジネスユニット**であり、単なる実装・開発グループではないということだ。スクラムチームは自己組織化チームであり、チームとしてビジネスの目的とゴールに沿った判断を下す責任がある。

　アジャイルコミュニティは、プロダクトが開発プロセスを通じて「発見」されることに気づいている。最初は、ビジョンはあっても最終的なシステムの詳細はわかっていない。繰り返しているうちにだんだん見えてくるものだ。プロダクトに込められたビジネス価値にも同じことが言えるが、そのことはあまり知られていない。ビジネス価値の詳細も、仮説を検証したり棄却したりして、繰り返すうちにだんだん見えてくる。プロダクトビジョンはスクラムチームにとって価値の羅針盤となる。チームの判断はビジョンに沿っているかで評価される。その判断はビジョンの実現につながるか、実現を妨げるかという観点だ。

　仕事の価値についての仮説を検証する能力をチームに与えるのは、まずはプロダクトオーナーの役目だ。プロダクトオーナーは、プロダクトと開発者の仕事の価値を最大化する責務を負っている。スクラムチームのフルタイムのメンバーとして、プロダクトオーナーは開発チームと密接にコラボレーションし、合意を形成しようとする。ただし、スクラムチームでは唯一プロダクトオーナーのみが、ビジネスの問題について独立して決定を下す権限を持っている。完全な合意形成を待っていたら時間がかかりすぎるからだ。それでも、その権限にばかり頼るのは下手くそなプロダクトオーナーだ。優秀なプロダクトオーナーは、本当の自己組織化のためにはスクラムチームの共通の目的が**必要なこと**を認識している。

　すなわち、ビジネス価値の問題をスクラムチームの真正面に据えるのだ。プロダクトオーナーは、ステークホルダーから次の3つの質問に対する答えを得なければいけない。ゴールは何か？　そのゴールが重要なのはなぜか？　ゴールを達成したかはどうやってわかるか？　最初の2つの質問は、プロダクトが開発される意味を明らかにする。次にやることで**何が**いちばん重要かをスクラムチーム全員（そして、幅広いステークホルダーにも）には必ず知らせる必要がある。プロダクトバックログのいちばん上のアイテムが**なぜ**重要なのかを知っていれば、はるかに効果的に働けるようになる。3つめの質問「ゴールを達成したかをどうやって知れるか？」は、発見の価値を測るメーターになる。

　これら3つの質問の答えは、開発の初めに集めただけでは十分ではない。ものごとは変わっ

ていくものだ。全体としてのゴールは安定していて、プロダクトのビジョンは個別の要件ほど不安定ではないかもしれない。だが、複雑な世界で変化だけは止まることはない。変化はチームの集中を乱す。プロダクトオーナーは、スプリントプランニングを始めるたびにゴールとビジョンを説明しよう。そして直前のスプリントのインクリメントと最新のプロダクトバックログのトップが、ゴールとビジョンとどう関係するのかを説明しよう。そうすることで、チームはビジネス価値にはるかに集中しやすくなる。

プロダクトオーナーは情報のバリア
18 ではない

マーカス・ガートナー
著者プロフィール p.238

　私たちが目にするスクラムチームのほとんどで、プロダクトオーナーはコミュニケーションのボトルネックになるようなやり方で自らの役目を果たしている。こういったプロダクトオーナーはステークホルダーや専門家からの情報を開発チームに渡すのに、まるでさじで食べさせるかのようにする。プロダクトオーナーが直接回答できない質問を開発者がするたびに、プロダクトオーナーはそのテーマの専門家のところに行って答えをもらい、それを開発チームに渡すのだ。こんなやり方をしていると、開発チームの速度はプロダクトオーナーのコミュニケーション能力に左右されることになる。伝言ゲームと同じだ。

　プロダクトオーナーの役割の解釈次第では、信じられないくらい効果的なコミュニケーションのできる人であれば、プロダクトオーナーとしての役目を果たせるかもしれない。だが、残念ながら、このようなやり方でプロダクトオーナーをうまくこなせている人は多くない。

　良いアプローチを見ていく前に、企業がどのようにしてプロダクトオーナーをそのようなボトルネックにしてしまうのかを最初に見ていこう。いちばん多いのが、プログラマーが専門家と直接話すことはできないことへの不安ゆえだ。開発チームのメンバーが専門家やステークホルダーと直接会話すると、たとえばプロダクトオーナー抜きでスプリントに追加のフィーチャーが入り込んでしまうことを企業は恐れている。それが起こると、最初に想定したよりも機能の実装に時間がかかったり、開発チームがスプリントゴールやスプリントで計画した作業を達成できなくなったりしてしまうかもしれない。さらに、プロダクトオーナーが、開発サイクルに入っている機能を詳細に見ていないために、開発チームが優先順位の低い機能を作っているといったことも起きるかもしれない。こういったことを恐れているのだ。

　いずれもそのとおりかもしれないが、開発チームとステークホルダーのあいだで直接フィーチャーの交渉が行われるようなことはまれだ。それぞれのスプリントの最後に、チームは完成させたものを見せる。そこでプロダクトオーナーは、合意していない優先順位の低いフィーチャーに必ず気づくだろう。スプリントレトロスペクティブで、そのようなうれしくない驚きについて取り上げれば、スクラムチームは将来同じようなことが起こったときにどう対処するかのルールを決めようとするはずだ。

　つまり、基本的に企業は、スクラムではすぐに透明化され、チームにもっと良いやり方

を考えさせるようになることを恐れているのだ。では、プロダクトオーナーの役割に対する良いアプローチとはどんなものだろうか？

　プロダクトオーナーがスクラムチームにもたらすもののなかでいちばん重要なのは、何が次に作るべき重要なもので、何は先延ばしできるかという優先順位付けだ。個別のプロダクトバックログアイテムの詳細化は、開発チームが専門家やステークホルダーと直接やりとりできるのであれば、開発チームでも可能だ。もちろんプロダクトオーナーは（たぶんスクラムマスターも）、これによって望ましくないフィーチャーがスプリントに入ってこないように注意を払わなければいけない。その場合は、それがもたらす問題点をチームメンバーに教育し、ほかのステークホルダーからの依頼はプロダクトバックログのなかで優先順位付けするようプロダクトオーナーに依頼するようにさせるのだ。

　最後に1つ付け加えておきたいことがある。開発チームには、今後予定しているプロダクトバックログアイテムを知っておくように強く推奨する。専門家やステークホルダーと直接やりとりするなかで、今後予定しているフィーチャーについての情報を共有できるし、現在実装している範囲のスコープに全員の目を向けさせるのにも使える。つまり、開発チームは今後のプロダクトバックログアイテムを詳しく知っていればいるほどよい。将来の要求は将来のものとして扱うのに役立つからだ。したがって、プロダクトオーナーは、頻繁かつ定期的に開発チームと一緒にプロダクトバックログについての作業に取り組むことをお勧めする。

19 「ノー」と言える技術をマスターして価値を最大化する

ウィレム・ヴェルマーク
ロビン・スフールマン
著者プロフィール p.241

アジャイルマニフェストの背後にある原則の 10 番めは、スクラムをやっているプロダクトオーナーにとっては重要なフレーズだ。

> シンプルさ（やらない仕事の量を最大化する技術）こそが本質です。[†1]

びっしり詰め込まれたプロダクトバックログ、果てしなく続く付箋紙の壁、数年分のアイデアが詰まったロードマップ、そういったものを私たちはずっと目にしてきた。私たちが出会ったプロダクトオーナーの多くは、それが問題だと理解している。彼らはみな、「はい、もっと集中します」（それがスクラムの価値基準だ！）とか、「プロダクトバックログを管理しやすい状態にしておくべきですね」とうなずきながら言う。では、なぜプロダクトオーナーは、プロダクトバックログをユーザーストーリーからなる巨大なリストにしてしまうのだろうか。

プロダクトオーナーの多くはノーを言えない。もしくは、ステークホルダーが「ノー」の回答を受け入れない。どのような要求でも、「イエス」と答え、プロダクトバックログに追加し、やらなければいけない仕事の量を増やす何らかの理由があるようなのだ。

私たちは、プロダクトオーナーが「ノー」と言える技術をマスターする手助けをしたい。

まず、私たちはプロダクトオーナーに「どんな種類のステークホルダーがいるか？　とても重要なのは誰で、やりとりを減らすべきは誰なのか？」を尋ねる。というのも、結局のところステークホルダーすべてが等しく重要ということはなく、プロダクトオーナーは全員に同じ時間を使うのが義務だと思う必要もないからだ。これを可視化するには、ステークホルダーを 4 つのグループに分ける。

- 常に**見ておく**必要がほとんどないステークホルダー（情報共有の間隔を長くして、最小限の労力で距離を保つ）
- 常に**報告**する必要のあるステークホルダー（前もって計画したり情報を伝達したりすることで距離を保つ）

[†1] 訳注：公式サイトでは「シンプルさ（ムダなく作れる量を最大限にすること）が本質です」と訳されているが、原文と意味が違うため新たに訳出している

- 常に満足させておく必要のあるステークホルダー（関連する情報だけを伝達する）
- 緊密に**管理する**必要のあるステークホルダー。グループが大きくなるほど、やることも多くなるのは言うまでもないので、人数は最小限にしておきたい（頻繁にやりとりする）

次に、それぞれのグループへの情報伝達戦略を立てる（グループには誰がいて、目標が何で、どんな種類の連絡をしようとしていて、どんな経路で伝えるのか）。彼らのコンテキストと背景を理解しておくことが必要だ。そうすれば、彼らの視点にあった回答を渡せる。たとえば、IT 部門のマネージャーには IT に関する回答をするのだ。

ステークホルダーを認識してグループ分けができたら、プロダクトオーナーは彼らに「ノー」と言い始めなければいけない。その時には、以下のことを心に留めておく。

1. 質問しているのは**誰か**？　どの種類のステークホルダーか？
2. 実際の**質問**は？　何を聞かれているのか、なぜ聞かれているのか、自分は本当に理解しているか？
3. **意思**。「イエス」と言うか「ノー」と言うか、それとも「たぶん」と言うか（3 つめは実質的に「ノー」でもあるが、そのようには認識されないかもしれない）
4. 質問について「ノー」なのか、ステークホルダーについての「ノー」なのか、それともどちらもか
5. ステークホルダーが「ノー」を理解し受け入れたのかどうか、注意深く**聞く**。追加の情報が必要か？　議論が始まったら、今がその議論するのにふさわしい時期かどうか判断してほしい。スプリントレビューはオープンな議論のための良い機会であることが多い

アジャイルマニフェストとスクラムの価値基準に従って行動しよう。ビジョンに集中し「ノー」と言う勇気を持とう。とはいえステークホルダーに対してその理由については透明にしておくのだ。「ノー」と言うことで、**やらない仕事**を最大にすることを始めよう！

20 プロダクトバックログを通じて優先順位付けされた要求を伝えるには

ジェームズ・コプリエン
著者プロフィール p.241

　さて、何の話だと思っただろうか？　プロダクトバックログは、スクラムにおいてニーズをチームに伝える方法ではない。優先順位で並べられてもいないし、要求についてでもない。ウォーターフォールの世界のプラクティスや作成物の呪縛から逃れられていないスクラムチームはまだ多く、スクラムから得られるメリットを享受できていない。

　プロダクトバックログをプロダクトオーナー、開発者、ステークホルダーのあいだでなされた合意を記録するツールだと考えているのだろう。第1に、プロダクトバックログは判断を思い出すためのコミュニケーションツールではない。人が書くのには2つの目的がある。伝えるためと思い出すためだ。アジャイルで主となるコミュニケーションメカニズムは、書くことではない。顔を合わせて話すのが主だ。書くのは思い出すためだ。

　第2に、**プロダクトバックログ**はプロダクトバックログであって、**要求バックログ**ではない。プロダクトバックログは、毎回のスプリントサイクルの終わりにプロダクトインクリメントとして適切に提供される形に分割されている。バックログは、プロダクトバックログアイテム（PBI）の形で、提供可能な独立した項目として分割される。漏れを防ぎフィードバックの頻度を増やすことで、リスクを減らせるサイズになっている。通常、プロダクトバックログをリリース計画として宣伝したりはしない。内部で仕事を分割し、進捗させるためのものだからだ。

　チームは、PBIをたくさん終わらせることに集中すべきではない。集中すべきなのはスプリントゴールの達成だ。プロダクトインクリメントは、機能の意味のあるかたまりとして提供されるべきで、多くの場合スプリントゴールと合致する。したがって、プロダクトバックログにはユーザーストーリーはない（考えてみてほしい）。

　プロダクトバックログのスライスは、それぞれプロダクトオーナーが考えた、プロダクトの**提供可能な**一部分の説明になる。解決すべき問題ではなく、開発するソリューションを示すものだ。もちろん、PBIに注釈として要求を記述することはできる。だが、要求を書いたからと言って、プロダクトオーナーのプロダクトのオーナーとしての責任は変わらない。要求のオーナーではないのだ。というわけで、このタイトルになった。

　第3に、プロダクトバックログは優先順位ではなく提供する順番（https://oreil.ly/GmTjp）に並べられている。複雑な開発の原因は、適切に管理されない依存関係だ。提供順に開発計画を設計することで、チームが依存関係で驚かされることを事前に防げる。さ

らに、顧客はどの順序で物を受け取るかを知ることができる（フィードバックにもとづいて全員が順序の変更に合意しない限り）。そうなっていれば、良い開発チームは、**提供時期**を見積もれるようになる。プロセスの流れがマクロレベルで決められることになる。もちろん必要なら、プロダクトオーナーは、優先順位にもとづいた要求やプロダクトインクリメントのリストを作ってもよい。だが、それらはプロダクトバックログではない。

　これは、プロセスに多大な影響がある。古いやり方の開発では、プロダクトマネージャーは開発者に要求を明確に伝える必要があった。開発者は、ビジネス上のソリューションを設計し、ソリューションを技術的に実現するのが仕事だった。スクラムでは、プロダクトオーナーがビジネス上の要求をビジョンにもとづいてソリューションにし、開発者に伝える。開発者は、自ら選択したツールや技術を用いて、ソリューションを実装する。

　「プロダクトオーナー」について考えるときは、iPhone のスティーブ・ジョブズ、Linux のリーナス・トーバルズ、フォード・マスタングのリー・アイアコッカを頭に浮かべてほしい。プロダクトオーナーはビジョンを持つ人だ。**プロダクト**のビジョンを。

なぜプロダクトバックログの先頭に
21 ユーザーストーリーがないのか

ジェームズ・コプリエン
著者プロフィール p.241

　言葉はものごとを表す。「ユーザーストーリー」という言葉は、それがユーザー領域での
ストーリーであることを示唆する。この言葉は、「X として、Y したい。なぜなら Z だから
だ」という定型の文章を意味するようになった。アジャイルな人のなかには、これを文字
どおりに捉えて、まるで義務かのようにこの形式で書いている人もいる。だが、ロン・ジェ
フリーズがかつて指摘した（https://oreil.ly/kczbn）ように、この表現は、エンドユーザー
と開発者の将来の会話への招待にすぎない。これはとても示唆に富んだ指摘だ。ストーリー
テリングの可能性を取り戻すことで、私たちは安堵できるのである。

　ストーリーはエンドユーザーのニーズを理解する上でとてつもなく価値がある。スプリ
ントゴールは、主要なユーザーストーリーの見出しや意図を示すものになるべきだ。だが
ユーザーストーリーは、言うなればストーリーの始まりにすぎない。「ユーザーのナゾ」と
でも呼ぶべきか。設計の仕事は、ナゾを解き、答えにあった実装を提供することだ。

　スクラムは、ムリ（過度な負担）をなくし、代わりにフローをよくするというリーンの
原則に従う。ユーザーがニーズを持って来たとしても、それを一夜にしてソリューション
に変換することもないし、スプリントプランニングと呼ばれるミーティングですぐに扱う
こともない。ビジネスのソリューションを設計するには、時間、対話、探索、フィードバッ
クが必要だ。ソリューションは、実行可能な仕様としてプロダクトバックログの上位に来
る過程で見えてくるものであり、そうなって初めて意味のあるものになる。

　プロダクトオーナーは仕様を担当する。それがプロダクトオーナーとしてそこにいる者
の責任だ。仕様とは、問題の仕様では**なく**、ソリューションの仕様だ。プロダクトオーナーは、
要求のバックログを維持するのではなく、プロダクトバックログを維持する。プロダクトは、
プロダクトオーナーの**プロダクトビジョン**を実現して価値を生み出すためにあり、単に市
場機会が得られるような問題を扱うだけではない。1 つのソリューションで複数のユーザー
ストーリーをカバーすることはあるが、逆はない。良いプロダクトバックログは、特に近
い将来、何を届けるつもりなのかについてのステークホルダーとの合意を表すものだ。プ
ロダクトオーナーは、プロダクトバックログアイテム（PBI）を作るために、ユーザーストー
リーに関する作業をステークホルダーと一緒に行う。そしてプロダクトバックログアイテ
ムとユーザーストーリーを関連付ける。だが、適切なプロダクトバックログアイテムとは、
ストーリーではない。プロダクトバックログアイテムは、チームで作るものだ。

もしプロダクトに6～7スプリント分の長いバックログがあるなら、下のほうにあるアイテムのなかにはユーザーストーリーがあるだろう。そのようなアイテムは具体的な実装に落とし込むのは早すぎる。上になるにつれて、実行可能な仕様になっていくのだ。上位3スプリント分のバックログが実行可能な仕様になるようにして、ムリを減らすのが良いスクラムのプラクティスだ。そして、優れたスクラムチームは、長いバックログを持たないのが普通だ。だが、それでいて3～4スプリント先のことも見据えている。それ以外は推測にすぎない。もしプロダクトで半年先のことを確実に見通せるなら、たぶんスクラムよりウォーターフォールがあっている。

　プロダクトバックログが7スプリント分もあったり、ユーザーストーリーの羅列だったりするなら、スクラムに対する雑な理解を改めて本当に素晴らしいものにするためのカイゼンが必要だ。

22 アウトカムを考え、価値に注意を払え

ジェフ・パットン
著者プロフィール p.241

アウトカムにフォーカスする

　プロダクトについて考えてみよう。誰かに伝えたくなるプロダクトだ。何がプロダクト
を良いものにするのだろうか？　素晴らしくするのだろうか？　あなたは、**使いやすいと
か、問題が片付く、楽しい、儲かる**といった言葉を口にするに違いない。あなたが考えた
ものは、プロダクトの顧客の便益、もしくはプロダクトに投資した会社の財務上の利益で
あろう。

　納期に間に合ったとか、**予算内だった**とか、**ステークホルダーがハッピー**だったとかは
考えなかったはずだ。それはプロジェクトの成功要因ではあっても、プロダクトの成功要
因ではないからだ。

　プロダクト中心になるとは、プロダクトを開発し届けた**あと**の顧客やユーザーの行動に
集中し、計測するということだ。顧客やユーザーがプロダクトを試し、実際に使い、使い
続け、プロダクトをほめてくれることを私たちは望んでいる。プロダクトをリリースした
あとに起こることが、アウトカムだ。そして顧客やユーザーがそのような行動をすると、
プロダクトの開発に投資した組織にはインパクトがある。投資対効果が改善したり、マー
ケットシェアが増えたり、内部で利用するプロダクトならコストが削減されたりする。

良くないスクラムはアウトプットにフォーカスする

　注意してスクラムを使っていても、アウトカムやインパクトを見失うことは多い。スク
ラムでアウトプットにフォーカスするのは簡単だからだ。スプリントは、どれだけリリー
ス判断可能なインクリメントを作れるかを予測することから始まる。スプリントの時間は
固定されている。チームのメンバーは固定されており、**コスト**も固定されている。そして、
スプリントの始まりに、スプリントでどれだけできるかを約束して、**スコープ**を固定する
ようにチームに求めるのだ。チームは開発の進捗について毎日話す。スプリントの終わりに、
作ったものをレビューし、本当に「完成」しているか、ベロシティは予想どおりだったか
を議論する。ステークホルダーからフィードバックがあるかもしれない。だが、ステーク
ホルダーが実際のユーザーであるケースは多くない。プロダクトでいちばん重要なことと、
チームがいちばん心配して時間を使っていることが違う。変じゃないだろうか？　直さな

ければいけない。

作業とアウトカムを見えるように

　リリース可能なフィーチャーを作るのに、複数のプロダクトバックログアイテムが必要
になる場合もある。実際にリリース可能なかたまり単位で、アウトカムを計測できる。ユー
ザーが使えるかたまりをリリースするたびに、いったん立ち止まって、リリースを祝おう。
リリースするのに実際にどれだけかかるだろうか？　数日？　数週間？　数か月？　四半
期？　簡単なビジュアリゼーションを作って、左から右に実際の作業量に応じてかたまり
を並べてみよう。予想より時間のかかったかたまりを特定して、なぜかを議論してみよう。
　ここからが難しい。フィーチャーをユーザーは注目するか、試すか、使うか、使い続けるか。
チームはユーザーの反応を待たなければいけない。ユーザーが使わなければ、ビジネスイ
ンパクトもなく、作る意味もなくなるからだ。ビジュアリゼーションに実際のアウトカム
の軸を足して二次元にしよう。最初は「わからない」から始まる。リリースしてみないこ
とには、知る由はないからだ。こんな図になるはずだ。

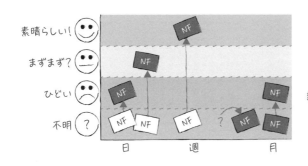

　スプリントレビューごとに、それまでのスプリントでリリースしたフィーチャーとその
アウトカムについて知っていることを議論しよう。アウトカムを改善するために、フィー
チャーをどう改善できるか、改善すべきかを議論しよう。素晴らしいアウトカムを達成で
きたら、お祝いをしよう。本当の価値は、そこからしか生まれないのだから。

第Ⅲ部
コラボレーションこそがカギ

23 サッカーのフーリガンから学ぶこと なんてあるのか？

ジャスパー・レイマーズ
著者プロフィール p.242

　これが何を意味するかって、わかるだろ？　暴力に目的を与えるんだよ。それで何かの一員になれるんだ。だって俺たちは自分ひとりのためにやってるわけじゃない。もっと大きな何か、つまり「俺ら」のためにやってるんだ。暴力は連中のためにあるんだよ。
　──マーク、マンチェスター・ユナイテッドのサポーター、『Among the Thugs』より

　自分のなかの文化人類学者は、ジャーナリストのビル・ビュフォードが著した『Among the Thugs』（Vintage、1990）を読み始めた。マンチェスター・ユナイテッドのフーリガンのなかでも最も暴力的な中心人物たちを相手にした現地調査についての本だ。自分のなかのアジャイル／スクラムコーチは、チーム運営の教訓が見つけられるのではないかと思って、本を読み込んでいた。

　ビル・ビュフォードは一度ならず乱闘に参加し、病院送りになっている。それで乱闘に参加しなくなるなんていうことは、当初はなかった。彼は、何か大きなものの一部であることの恍惚感や無敵のオーラをいかに感じたか語っている。友情と連帯意識を感じていたのだ。栄光、英雄的行為、そしてみなぎった活力が彼をかき立てたのは、彼と「連中」がより大きな敵対するグループに対峙し、なんとしても足を踏ん張るんだと決意したときだった。

　粗野に感じるかもしれない。だがメタレベルでは、これらのフーリガン集団には、一般的なチームの学びになる特徴がいくつかある。

　スクラムガイドには軽量で、理解が容易、習得は困難と書いてある。スクラムイベントをやるのは簡単だ。しかしそのメリットを最大限に得るにはどうしたらいいだろうか？　改善を重ね、可能な限り大きな価値を届け続けるには？　スクラムのイベントにただ参加している以上のことが求められるのだ。献身、チームダイナミクス、目的、マインドセット、文化、ふるまい、そして価値が必要なのだ。

　スクラムガイドはスクラムの価値基準を詩のようにつづっている。

　　スクラムチームが、確約（commitment）・勇気（courage）・集中（focus）・公開（openness）・
　　尊敬（respect）の価値基準を取り入れ、それらを実践するとき、スクラムの柱（透明性・
　　検査・適応）は現実のものとなり、あらゆる人に対する信頼が築かれる。

アルチョーム・ヴォロベイによる 2018 年のドキュメンタリー『Football Beasts: An Inside Look at Europe's Football Hooligan Subculture』には、シュトゥットガルトの中心的フーリガンの言葉が収められている。「右にも左にも頼れる奴がいるってわかれば、何が重要かって、そりゃチームスピリットだ」言い換えれば、逃げれば仲間が大変な目にあうかもしれないということだ。

暴力からいったん離れよう。ここに、スクラムチームとの類似性がある。スクラムの価値基準は、状況が悪くなろうとも足を踏ん張らせてくれる。勇気を出し、集中し確約し続け、他人に対して正直で尊敬の念を持って接する。誰かの背後を守ってやるのだ。

スクラムチームとして、フーリガン集団とはまったく異なる目的を果たすのは明らかだ。私たちはスプリントゴールを確約する。つまりスプリントゴールを達成するためにあらゆる手段をとるのだ。私たちは品質を下げたり価値を落としたりすることなく、スプリント期間内に仕事を「完成」させる。仕事を終わらせるのが危うくなりそうなら、チームメンバーはお互いに助け合う。チーム全体で足を踏ん張るべきなのだ。**逃げるなんてことはあり得ない。**

レクシー・アレクサンダーの 2005 年の映画『フーリガン』[†1] のなかでイライジャ・ウッドは、ウエストハム・ユナイテッド FC の架空のフーリガン集団「Green Street Elite」にのめり込むアメリカ人学生を演じている。1 人の自信のない学生だった彼が**その連中**の一員に変貌したあと、こう言う。「危険と隣り合わせになったつもりはないが、安全だと感じたこともない。これほど自信を持てたこともない。遠目に見てたってわかるだろう。暴力については？　正直に言おう。自分で育んだんだ。パンチを何発か受けて、自分がガラスでできているわけじゃないと気づく。そうなったらもう、いけるところまで自分を追い詰めない限りは自分が生きていることを感じられないんだ」

†1　原題『Green Street Hooligans』

24 そして奇跡が起こる

コンスタンチン・ラズモフスキー
著者プロフィール p.242

それで、スクラムの本質とは何だろうか?

　　長い手紙で申し訳ありません……。短い手紙を書く時間がなかったのです。

　マーク・トウェインによるこの名言は、本質を正確に説明するには、概念の理解に時間を使わなければいけないという考えを表している。

　私はこの言葉が大好きなあるアジャイルコーチと、かつて一緒に働いていた。彼が面接するときのお気に入りの質問は、「スクラムの本質について、あなたの意見を最大6単語で表してください」というものだった。彼が求めるキーワードは、フィードバック、実験、経験主義、検査、適応、価値だった。

　面接を受ける人は、意外にもこの質問の直接的な答えがスクラムガイドに含まれていることに気づいていないかもしれない。

　　スクラムの本質は、少人数制のチームである。

　「私は深呼吸して、目を閉じて、チームと書きました。子供じゃあるまいし、そんなの役に立たないと言っている人は、それが**うまくいっている**のを見たことがないだけです。見たことがないものを信じるのは本当に難しいのです」これはスクラムチームのメンバーで、ベラルーシのミンスク出身のハンナの言葉だ。ハンナのインスピレーションの源は唯一スクラムプロセスの活用によるものだと言いたいところだが、そうではない。彼女のモチベーションや幸福感は、彼女のチームと呼ばれている4人のギークと肩を並べて日々仕事をしていることに由来している。半年にわたって一緒に戦い、失敗し、喧嘩をしたギークたちが彼女にとってとても重要なのだ。彼らは第2の家族となり、職場に来る理由になったのだ。

　巷の書籍では、チームは共通の目標を中心として作られて、それを追求することでモチベーションを得るとされている。だが、組織の目標は、多くの場合勝手に作られたもので意味がない。素晴らしいチームで働くことが、多くの人の原動力になっているのだ。

　外部の目標に奉仕するのではなく、チームそれ自体が目標になる。良いチームのメンバーはチームからモチベーションとエネルギーを得るのである。

スクラム実践者にとって、私が個人的に知っているもののなかでいちばん役立つヒントの1つは、時間やエネルギー、創造性、共感を惜しみなく投資して、チームを本当に良いチームにすることだ。そうすれば、スクラムにおいて良いことが、「ひとりで」に、ほとんど自動的に起こるようになる。チームの人たちの良い面が見えるようになる。チームへの関与、責任、コラボレーションに関するほとんどの懸念は消え去るだろう。共同の責任がどう機能するかも理解できるはずだ。すべてのスクラムマスターにとってお気に入りの「チームに任せる」というマントラが素晴らしく機能し始めるのだ。

　シドニー・ハリスの古典的な漫画（https://oreil.ly/pK_Sl）では、2人の科学者が重要な定理の証明に向けて一歩ずつ進めている。目標の達成の過渡期には奇跡が必要だ。

　プロフェッショナルスクラムへの道でも、同じように困難だが必要な一歩がある。チームを育てることだ。誰もどうやってこれが実現できるかを正確には知らない。

　知ってのとおり、このステップを実現するには強い内発的モチベーションを持つ親身な人を探す必要がある。その人たちのための安全な環境を作ろう。形式的な「リード」や階層、やる気をなくすものを排除した環境だ。そして、ハンナのようにこれを経験している人の言葉（以下のようなものだ）に注意深く耳を傾けるのだ。「素晴らしい日々（本当に素晴らしいです！）のなかでコラボレーション、尊敬、助け合い、友情を育んでいると、予想もできなかった形で奇跡が起きます。直接影響を及ぼすことはできません。観察したり、楽しんでそこから利益を得たり、投資したり、理解に努めたりするのです。これは再現のためではなく、壊さないようにするためです」

意思決定ロジックの先頭は
25 顧客フォーカスにしよう

ミッチ・レイシー
著者プロフィール p.242

　小うるさく聞こえるかもしれないが、ほとんどの会社の文化は最近、個人に焦点を当てすぎだ。最大の問題は、みんなが自分のニーズを満たすのに忙しく、自分のアイデアを売り込もうとしていて、組織が顧客の声を聞けていないことである。顧客が何を望んでいるのかを知らなければ、ビジネスは失敗する。顧客のことを考えるためには、ビジネスリーダーは顧客との関わり方について新しいルールを導入する必要がある。

　新しいと言ったが、ルールは以前からあったものだ。私はずっとサッカー（ほかの国だとフットボール）をしている。小さい頃、選手の関心は誰がいちばん点を取ったかで、勝敗はあまり気にしていなかった。だが、歳を取るにつれて逆になった。チームが勝てば誰が点を取ったかは気にしない。

　スクラムチームには、成功しているスポーツチームと共通する特徴が1つある。チームとして勝ったり負けたりすることだ。スクラムチームが勝つには、顧客に価値を届けるしかない。だからこそ、自分が関わってうまくいったスクラムでは、意思決定ロジックの先頭を顧客フォーカスにしていたのだ。友人であるマイクロソフトのスコット・デンスモアとブラッド・ウィルソンは、うまくいく意思決定過程を形にした。

　次の順番で、誰にとって最適なことをするか考える。

1. 顧客
2. 会社
3. グループや組織
4. チーム
5. 個人

　このマインドセットを醸成するには、チームメンバーはまず説明責任について学習しなければいけない。説明責任とは、他人を責めるほうが簡単なときでも、自分の過ちは自分で担うことである。私の息子が説明責任を理解したのは、ある日宿題を学校に忘れたときのことだった。私は、宿題を取りに息子を学校に連れていくのを拒んだ。息子は私に激怒し、すべて私のせいだと言っていた。だが、私は自分の立場を貫いた。一時的な恥ずかしさから救うことよりも、過ちを認める方法を学ぶほうが重要だと知っていたからだ。同じように、

チームがスプリントを乗り切ろうとして奮闘しているときに、「自分の仕事は終わった」と自己満足して座っているような開発者には、チームへの説明責任を果たせるようになるための厳しい戒めが必要だ。

　チームが説明責任を発揮できるようになれば、チームは成長思考を育んでいけるようになる。自分だけですべてを知ることはできないこと、自分の考えを捨ててほかの人の意見に耳を傾ければ常に学ぶべきことがあること。それを受け入れたときに成長思考は生まれる。顧客を念頭において、一丸となって開発しているチームは成功する。成功体験は気持ちがいいので、成長思考がチームの文化に馴染んでいく。

　リーダーシップが顧客第一のルールを確立して推進できれば、企業は本来のゴールに集中できる。つまり、顧客をワクワクさせること、顧客を夢中にさせること、この世のものとは思えない体験を作り出すことに集中できるのだ。

26 あなたのチームはチームとして 機能しているか？

リッチ・フントハウゼン
著者プロフィール p.242

　私がこれまでに会ったチームのほとんどは、スクラムを実践していた。もしくは検討中だった。どのチームも、もっとアジャイルになりたいと望んでいた。チームとして機能しているかと聞けば、肯定的な答えが返ってくるのが常だった。チームメンバーは**何か**をするのに忙しく、チームはたいてい**何か**を達成していた。毎日のスタンドアップもしていた。

　素晴らしい。だが、はたしてチームとして機能しているのだろうか？

　チームとして機能するのにはいろいろな方法がある。協調性を高めるものもあれば、学習を最大化するものもある。サイクルタイムを最小化するものもある。だが残念なことに、個人の専門性とアウトプットに関するものも多い。素人目に見れば、調和性の取れたチームに見えるだろう。だが、彼らが最大化しているのはデリバリーできないというリスクだ。現代の複雑さにおいて、成功にはスキルの組み合わせや相互学習が必要になるからだ。

　私は何年もかけて、チームワークの多様なスタイルを識別して分類し、共同体への影響を評価するということを始めた。

　個人の集団としての枠を超え共同体としてデリバリーする能力という観点で見たとき、**機能不全**には4種類ある。

買いだめ

　スプリントプランニング後に、開発者の誰かが、**複数**のプロダクトバックログアイテム（PBI）を自分によこせと主張する。そのアイテムに関するすべての作業を独立して行いたいためだ。チーム内での依存性（知識など）や外部の障害事項のせいで、その開発者は選択したアイテムに半端に手をつけることになる。結果的に、スプリントの終わりには手をつけたものの「完成」していないアイテムが残る。

独り占め

　スプリントプランニング後に、開発者の誰かが、**1つ**のPBIを自分のものにしてしまう。そのアイテムに関するあらゆる作業を独立して行い、また次のPBIに移って同じことをする。それが続く。依存性や障害事項は買いだめと同様だが、1つのピースに集中することで透明性がわずかに上がり、アイテムが未完成になるリスクが軽減される。

専門化

開発者は各自、異なる PBI において得意分野に関するタスクを行い、すべてのア
イテムにわたって自分の専門性を「最大化」する。依存性は高くなるが、スプリ
ントの最後まで露呈しない。結合が遅くなればリスクは激増する。

一般化

開発者の誰かがいろいろなタイプの作業をいくつかやる。必要とされるすべての
スキルを持っているわけではないため、手が詰まると新しい PBI に着手し始める。
依存性は専門化ほど高くはないが、結合は依然遅く、これがリスクを増長する。

ここに紹介する 3 つの方法いずれかで働き始めたチームは「チームコラボレーションの
善の循環」に入る。そこでは、専門能力を育てる機会としての相互学習が起こる。これは
依存性とリスクを軽減するためには不可欠だ。

ペアリング

2 人の開発者がペアになって 1 つの PBI に取り組む。アイテムを完成させるため
に必要な専門知識を求め、ペアの構成を変更することもある。ペアは 1 つの PBI
に対するスウォーミングの一部にもなる。

スウォーミング

開発者全員が（1 人もしくはペアで）1 つの PBI に取り組む。PBI が完成するのに
必要なあらゆることをこなすことになる。

モビング

開発者全員が、1 つの PBI が完成するまで 1 つのタスクに取り組む。スウォーミ
ングと同じで、その PBI が完成するまで飛ばしたり次のアイテムに移ったりはし
ない。

あなたの開発チームがどう機能しているか、真剣に考える一助になれば幸いだ。あなた
のチームは旅の途中のどこにいるだろうか。今まで観察するなかで、どんなパターンが出
現してきただろうか。単なる個人の集団でなく、協調性の高いチームになれるよう、どん
なふうにチームを支援できるか考えてみてほしい。

27 「それは自分の仕事じゃない！」

マーカス・ガートナー
著者プロフィール p.238

　これは顧客向けにテクニカルコーチングをしている同僚から聞いた話だ。彼は40のスクラムチームと一緒に働くテクニカルコーチの1人で、技術的なプラクティスや開発プラクティスを改善し、21世紀の標準に近づけるために働いていた。

　顧客向けのセッションの1つとして、テクニカルコーチたちはテスト駆動開発（TDD）と受け入れテスト駆動開発（ATDD）といった現代の開発コンセプトについて、トレーニングとメンタリングとコーチングをした。それに参加していた開発者の1人は自分の机に行き、引き出しを開けて契約書を取り出し、それを指差しながらこう言った。「これには『テスト』なんて書いてないんだけど」

　開発者が契約書をとても重視しているのは明らかだった。トイレに行ったら手を洗うと書かれていなかったら、手を洗わないのかもしれない。知らないけど……。

　だが、真面目な話、終わらせなければいけない作業があって、ほかの人は忙しくてそれをする時間がないときに、暇なメンバーがそれは自分の仕事じゃないと指摘したとして、何の役に立つのだろうか？　実際には役に立たないはずだ。

　大小の会社で起こったパターンを詳しく見てみよう。小さな会社では、自分の職務や専門以外の仕事でも、引き取って行うことが多い。だが、大きな会社では、そうしたがらない。他人の足を踏んでしまって問題が起きる可能性が高く、自分のキャリアアップにもつながらないからだ。

　だが、後者の態度はスクラムを使って取り組んでいる複雑な問題の解決には役に立たない。

　人間には生まれつきの高度なスキルなどほとんどない。人間の脳ができることのなかで中心となるのは、新しいことの学習だ。これは生涯にわたって続く。私たちは這うことを学び、立つことを学び、そして最終的に歩いたり走ったりすることを学ぶ。継続的な学習の道を一歩ずつ進むごとに、前の段階で経験した問題から解放されていく。

　単に自分の仕事でないという理由で、終わらせなければいけない仕事をするのに必要なスキルの獲得を避けるべきではない。終わらせる必要のない仕事なのであれば、みんなスキルを獲得しなくてもいいと言うかもしれない。だが、これは「それは自分の仕事じゃない！」と言うのとは大違いだ。

　私たちは生涯にわたって改善を学ぶ。それが人間とほかの動物との違いだ。自分自身を

成長させつつチームに貢献するために、人間として持っているこの能力を活用しよう。

　「それは自分の仕事じゃない」というセリフは、関係ある仕事をやらない言い訳としてはかなりお粗末だ。そんなふうにならないようにしよう。さもないと、チームの士気と自身の成長を損なうことになる。

28 専門分化は昆虫のためにある

ジェームズ・コプリエン
著者プロフィール p.241

ロバート・ハインライン（https://oreil.ly/qmZ3g）は、専門分化についてこう言っている。

> 人間は何でもできるべきだ——おむつを取り替え、侵略をもくろみ、豚を解体し、船の操舵を指揮し、ビルを設計し、14行詩を書き、貸借を清算し、壁を築き、骨を継ぎ、死にかけている者をなぐさめ、命令を受け、命令を与え、協力し、単独でも行動し、方程式を解き、新しい問題を分析し、肥料をまき、コンピューターをプログラミングし、うまい食事を作り、能率的に戦い、勇敢に死んでいく。専門分化は昆虫のためにあるものだ。

「クロスファンクショナルチーム」（https://oreil.ly/6Ssvu）は人気のスクラムパターンだ。だが、間違って理解されている場合も多い。個々のメンバーが、それぞれ何でもできなければいけないと思っているようだ。誰かの固有スキルに対する依存のために仕事が止まるのを防ぐには理想的な状態だが、現実的でないと考える人は多いし、トレーニングの面でもコストがかかりすぎる。クロスファンクショナルチームとは、プロダクトを効率的に作るのに必要なスキルをチーム全体として備えるという意味だ。

スクラムは、なぜこのようなクロスファンクショナルな仕事のコミュニティを要求するのだろうか？　第1には、変化を扱うためだ。UXデザイナー、テスター、プログラマー、データベース担当者の数を仕事の量に合わせて正確に見積もれるだろうか。専門分化したスキルに対する要求量は、スプリント中でも、スプリント間でも変化する。リスクを減らすには、メンバーはちょっと多いくらいでいい。第2に、代替の効かないスキルを持つ人間が過負荷になったり、病欠したりした場合に、チームの仕事が止まらないようにするためだ。第3に、状況は変化するからだ。今日のマーケットに必要とされるスキルがあっても、明日には違うスキルが必要になるかもしれない。チームメンバーを今知っていること、過去にやったことで雇用すべきではない。これから出てくる知識を獲得し、適用できるかで雇用しよう。

ダニエル・ピンクは、著書『モチベーション 3.0』（講談社、2010）[1]で、人は自分の専門分野で成長したがっている（マスタリー）という点を記述している。だからクロスファンクショナルになってほしいという要求には、人は直感的にネガティブな反応をしがちだ。

---

† 1　原著『Drive: The Amazing Truth About What Motivates Us』（Riverhead Books、2009）

チームの活動の範囲内で、すべての分野でエキスパートになるなんて無理、というのがありがちな反応だ。もうちょっと冷静な反応は、世界でトップレベルのスキルなんか必要ない、適当なレベルで十分というものだ。必要なら、カイゼンを使って現状を打破してほしい。

　スクラムはチームでの学習を強調している。チームに必要な専門スキルセットが足りていない、チームに現在いるテスターより知識のあるテスターが必要。そんな状況にこれから何回も遭遇することになる。メンバー同士の相互トレーニング（低コストで価値が高い）やメンバーを雇うことで対応しよう（雇用する場合は、チームの短期コストと長期コストが増加し、チームのサイズ増加がコストに見合わないポイントに急速に近づくリスクはある）。早く問題に対処すればするほど、早く改善が始まる。しばらくはうまくいかなくて苦しむだろうが、それは問題ない。良いカイゼンは、ちょっと苦い反省を伴うものだ。

　個人として学べるメンバーからなるチームの一員であることは素晴らしい。ピンクの知識獲得についての警告は、専門の数に制限があるという意味ではない。新しい専門分野でマスタリーを獲得するのは、既存の分野の知識獲得と同じかそれ以上に満足度は高い。素晴らしいチームメンバーは、学び、成長し、スキルを多様化し続けるのだ。

29 デジタルツールは有害だ： スプリントバックログ

バス・ヴォッデ
著者プロフィール p.243

　不幸なことに、デジタルスプリントバックログはよく使われている。不幸なことと書いたのは、デジタルスプリントバックログは、チームのダイナミクスとコラボレーションに悪影響を及ぼしやすいからだ。プロダクトバックログにもデジタルツールはよく使われるが、害は大きくない。デジタルスプリントバックログの使用は避けること！　筆者が観察したデジタルスプリントバックログの害の例を4つ挙げる。どれもチームや組織の機能不全を反映したものだ。

　1. チームメンバーが同じ場所にいない。 メンバーが分散したチームは普通にある。チームが一緒にいる必要はないと考える会社が多く、大多数のチームを分散させるという組織的な愚かさを発揮してしまうからだ。私の別の記事「Co-location Still Matters（コロケーションはまだ重要）」（https://oreil.ly/1wxA-）を読んでみてほしい。分散したチームは、すぐにデジタルスプリントバックログに飛び付きがちだ。分散していても、付箋紙のスプリントバックログをホワイトボード、ビデオ、写真と組み合わせてうまくやっているチームを多数知っている。

　2. スプリントバックログのツールが強制されている。 スプリントバックログのツールを「統一する」メリットについて、チームにしょっちゅう尋ねてきた。いまだに明確な回答は得られていない。ありがちな回答は、スプリントの進捗が把握しやすくなる、というものだ。これは、スクラムがマイクロマネジメントのために誤用されている明確な兆候だ。スプリントの進捗の把握はチームの責任だからだ。ほかによくある回答は、スプリントバックログからメトリクスを生成するためというものだ。だが、チーム外の人にとって意味のあるメトリクスは、スプリントバックログではなくプロダクトバックログから生成される。

　スプリントバックログはチームのためのものだ。スクラムマスターでも、プロダクトオーナーでも、マネジメントのためでもない。チームは共同責任を持ち、リリース可能なプロダクトインクリメントを作成するために自分たちの仕事を管理するのに使う。どのツールを使い、どれを使わないのかを決めるのは、自己管理しているチームだ。ツールの選択を強制するマネジメントはスクラムを理解していないし、どうやって自己管理するチームができ上がるかも理解していない。**これが本当に取り組むべき問題だ。**

　3. スプリントプランニングにコンピューターを使う。 ミーティングでコンピューターを使うと、ミーティングがつまらなくなる。タイピングをする人がボトルネックになり、議

論を集中管理してしまうようになる。コンピューター中心のミーティングは憂鬱なイベントで、みんなの時間を無駄にしてしまう。タイピングし終わるのを待つのにどれだけ天井を眺めていなければいけないのだろうか。本当にゲンナリするイベントで、バスの運転手になればよかったとか考え始めてしまう。

コンピューターのないミーティングは、はるかに生産的で楽しい。会話が中心になると、ミーティングは自動的に分散する。カードや付箋紙がコラボレーションのために使われる。全員が並行して書き込める。サブグループに別れて議論し、終わったらまた集まる。机の上のカードを見れば、何が議論されたのかを理解できる。スプリントプランニングは共同のソフトウェアの設計作業だ。楽しいほうがいい。

4. スクラムマスターがスプリントバックログにタスクを足す。スプリントバックログを触るスクラムマスターは、偽のスクラムプロジェクトマネージャーになってしまう。これは、私が一緒に働いたチームのデジタルでないスプリントバックログだ。

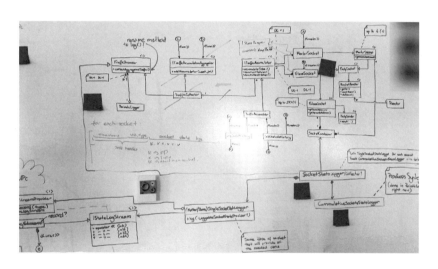

このスプリントバックログは、システムのソフトウェア設計で、現システムと想定する新システムをそれぞれ別の色の箱で表している。付箋紙は、実施する必要のあるタスクを示す。これは、スプリントバックログの「To Do」の列だ。

あなたのチームでもこうすべきと言っているのではない。これはあるチームのやり方で、**自分たちのやり方を自分たちで決めた**ものだ。スプリントバックログでデジタルツールを使うべきでない、いちばん重要な理由がこれだ。デジタルツールを使ってしまうと、ツールがチームの働き方を決めてしまう。デジタルツールがなければ、チームはやり方を自分で決めて改善できるようになる。

30 デジタルツールは有害だ：Jira

バス・ヴォッデ
著者プロフィール p.243

　この記事を書いている時点で、スクラムや LeSS の実装でいちばんよく使われているデジタルツールは Jira だろう。不幸なことに、Jira を利用すると、予想可能な機能不全がいくつか起こる。

スクラムの混乱

　Jira の使用を強制することで、「エンタープライズ全体」へのスクラム導入を試みる企業は多い。Jira を使ってスクラムを学べるとでも考えているのだろう。だが、Jira はスクラムツールではない。スクラムやスクラム以外の多くのアイデアが組み込まれているが、課題管理ツールである。Jira に含まれるアイデアをスクラムだと思って、もしくはスクラムであると説明されて、チームはアイデアを利用するようになる。

　その結果、スクラムにまったく反したものができ上がる。どうしてそうなるのだろうか？スクラムは経験的なプロセス制御なので、最低限しか規定されていない。チームのプラクティスは規定されたり固定されたりするものではなく、コンテキストに応じて導入され、適応されていくものだ。スクラムは、ツールがプロセスを所有するのではなく、チームがプロセスを所有することを想定しているのだ。

プロダクトバックログとスプリントバックログの統合

　Jira は、プロダクトバックログとスプリントバックログを統合する。良いアイデアに見えるかもしれないが、実際にはその逆だ。目的を混乱させてしまう。

　プロダクトバックログには、プロダクトのフィーチャーや改善が含まれている。プロダクトオーナーは、プロダクトバックログを使って、プロダクトの進捗を追跡し、次に開発するフィーチャーを選び、スコープ・納期・コストのトレードオフを検討する。

　スプリントバックログはチームの作業計画で、スプリント中にチームがどうやってゴールを目指すかを示す。スプリントバックログが有効なのは、当該の 1 スプリントのあいだだけだ。スプリントの開始時に作る。それより前に作ってはならない。スプリントが終わると破棄する。チームはスプリントバックログを常に最新に保つ。チームが共同責任を持ち、スプリント内の仕事を管理するのに有効だ。

　スプリントバックログとプロダクトバックログを統合すると、プロダクトオーナーとマ

ネジメントは、スプリント中の進捗を追跡できるようになる。そして、スプリント中の進捗を自分たちで管理するという責任をチームから奪ってしまう。スプリント中にチームに割り込みたくなる衝動は、ときに抗いがたい。自己管理をサポートするフレームワークのはずのスクラムが、マイクロマネジメントのフレームワークに変貌してしまう。

共有されないチームの責任

　良いチームは、スプリントの終わりに未完成のアイテムが残らないようにする。本当の意味で責任を共有することで、同時に1つずつ（ときにはいくつかの）アイテムを完成させる。同じアイテムに対するタスクをチームメンバーそれぞれが同時に引き取れるよう、タスクを細かく分解することで達成する。

　Jira でのタスクの作成は遅い。Jira 自体が遅いせいかもしれない。私の経験上、ローカルにインストールした Jira はどれも遅かった。もしくは、スプリントプランニングでのタスクを1人で入力するせいかもしれない。いずれにせよ、私が見たどのチームも、Jira での入力時間を節約するために、タスクを細かく分解するのを避けていた。

　大きなタスクは共同作業をやりにくくする。結果として、チームの共同責任も減り、チームは効果的に働きにくくなる。こういった事態には、どうやって気づけるだろうか？　スプリントの終わりに未完成のタスクがあり、チームが**やり残し**とか**残作業**について話していたら、それだ。**やり残し、残作業といった言葉は、機能不全のスクラムの兆候だ。**

Jira で困っている

　では、どうすればいいか？　害を最小限にできるような Jira の使い方は？　お勧めは以下のとおりだ。

- スプリントバックログには Jira を使わない
- プロダクトバックログに Jira を使う場合は、なるべくシンプルにする。スプレッドシートと同じように使う
- 複雑なフィーチャーやワークフローの利用を避ける。素の Jira でさえすでに複雑すぎる

31 稼働率管理の弊害

ダニエル・ハイネン
コンスタンチン・リベル
著者プロフィール p.243

　プロダクト開発の進捗が思わしくないために、外部ベンダーからチームを追加した組織をいくつか見てきた。それがどんなひどい弊害をもたらしたかを書いてみようと思う。

　ベンダーのチームは、プロダクト全体やそれがどう開発されているのかを理解する必要がある。経験豊富なチームからどれだけ手助けが必要か、どれくらい学習に時間がかかるのかは、プロダクトの複雑さ次第だ。

　結果として、ブルックスの法則[†1]のとおりになる。

> 遅れているソフトウェアプロジェクトへの要員追加は、プロジェクトをさらに遅らせるだけである

　フィーチャーのアウトプットは減り、マネジメントの懸念はさらに大きくなる。手を打たなければいけない。いちばんわかりやすいのは、人をさらに追加することだ。社員を採用するよりも、外部スタッフを増やす（そしてあとになって減らす）ほうが簡単なので、（外部）ベンダーのチームを使う割合が急激に上がっていく。

　プロダクト開発グループが大きくなるにつれて、システムに対するチーム間の理解の差も大きくなっていく。だが、全体として、チームと個人の稼働率を最大にすることが期待されている。その結果、スクラムで期待されるような顧客価値のための組織化ではなく、チームの現在の能力に合わせた仕事の細分化につながる。チーム間で仕事を分担するときの柔軟性は減り、専門性の高いチームの作業負荷が増える。仕事はさらに分断されて、プロダクト開発グループの適応力は落ちる。チームは自分たちの作業領域に特化することになり、コンポーネントチーム（https://oreil.ly/2JcJl）になる。

　こうなると、チームはもはや優先順位の高い仕事に取り組むのではなく、自分たちの専門領域で稼働率を最大化できるという理由だけで優先順位の低い仕事に取り組むようになる。これがよく見られるパターンだ。

　この状況を受け入れ始めると、プロダクトバックログは、もはや顧客のニーズではなく、チーム間での技術的な分割を反映するようになり、プロダクトオーナーは価値にもとづい

[†1]　『人月の神話』（滝沢 徹 他訳、丸善出版、原著『The Mythical Man-Month』Frederick Brooks、Addison-Wesley、1995）

た優先順位づけをしなくなる。この負のスパイラルを打破するには、チームがすべての技術スタックを身に付けて、顧客価値に集中するしかない。つまり、チームを「フィーチャーチーム」（https://oreil.ly/2JcJl）にするのだ。

だが、外部ベンダーのチームを統合するのには契約上の制限（情報の保護など）があり、稼働率が契約で決まっていればさらに危険だ。このような契約をしていると、1つのプロダクトバックログではなく、チームごとにバックログを持つようになり、代理プロダクトオーナーがベンダーチームを監督することになる。

こうして、コンウェイの法則（https://oreil.ly/FEh2r）のとおりになる。

> システムを設計する組織は、その構造をそっくりまねた構造の設計を生み出してしまう

異なるバックログに取り組んでいるコンポーネントチームの小さなクラスタは、組織のコミュニケーション構造そのものである。そのため、作られたソフトウェアの設計やユーザビリティは劣化したものになる。さらに、主要業績評価指標（KPI）がすべて稼働率に関するものになっていると、経験不足の開発者を追加するコストは見過ごされる。組織の柔軟性がなくなり全体のパフォーマンスが低下することで、チーム間のコラボレーションも減少する。

本当にスケールアップが必要なのか、外部の力を使って終わらせる必要があるのかを注意深く考えるのが良いやり方だ。どちらも避けるのが望ましい。

どうしても避けられないときは、ゆっくりスケールして学習する時間を与えよう。何度もマネジメントに現地現物を観察させて、契約上の合意が顧客価値に向けたコラボレーションにフォーカスしていることを十分に見せるのだ。

32 情報を発信するチームになる

ラン・ラゲスティー
著者プロフィール p.244

　透明性の存在が信頼を育む環境を作る。透明性がなければ、小さな疑念の亀裂がやがて大きな不信感の割れ目になる。**透明性がスクラムの原則の１つになっているのには理由がある。**

　期待するほどスクラムチームが透明でなく、十分に情報を発信していないと、リーダーは推測するしかなくなる。「このチームに投資しただけの見返りが得られているのだろうか？」と考えるのだ。答えが疑わしい場合、次のステップは状況報告を要求するか、リーダーが介入して強制的にチームを透明にするといったものになる。

　チームとして情報を発信するのに労力はかからない。スクラムチームは自分たちの日常の仕事で、幅広いデータを生み出しているからだ。状況報告と介入から逃れるには、以下が参考になるはずだ。

- プロダクトバックログを通じて**意図**を発信する。プロダクトバックログは作るべき重要なものと、チームがそれを作る順番をはっきりと表している。壁に貼って簡単に見えるようにするか、読み取り専用のプロダクトバックログにアクセスできるようにしよう。そうすれば興味のある人たちはそれを見て議論できる。
- タスクボードを通じて**進捗**を発信する。タスクボードは動きを示す。順番に並んだプロダクトバックログとともに、価値ある作業の完成に向けてどう動いているかを発信しよう。タスクボードが最新になっていない（「In Progress」のまま何日も残っている）場合には、神経をとがらせるべきだ。タスクボードはみんなが見える壁に貼るか、バーチャルなタスクボードの場合は、読み取り専用でアクセスできるようにしよう。ほとんどの人にとっては、タスクボードの詳細は重要ではない。だがエネルギーや進捗を見ることができるのは重要だ。
- バーンダウンチャートやバーンアップチャートを通じて**コミットメント**を発信する。このチャートはチームがプロダクトインクリメントを届ける能力を発信するとともに、何か価値あるもののリリースがいつ頃になりそうかを示す。ほとんどのリーダーやステークホルダーは、これだけ知っていればよい。
- 障害リストを使って**ブロッカー**を発信する。自分たちが進める上でのブロッカーを公開するようにしよう。うまくいっていないことを共有し、自分たちで直せる

ものは直し、直せないものは助けを求めるようにしよう。これを発信すれば、組織のほかの人はあなたから学習できるし、障害の除去を手伝ってくれることもあるだろう。

● ベロシティを見せることで、**改善**を発信する。タスクボードが動きを示す一方で、ベロシティは速度や効率の観点で何かを作ったり届けたりする能力が向上していることを意味する。ベロシティは完成を示す単純な指標で、相対的なものだ。過去に何を終わらせていて、終わらせる上で何がうまくなったのか？　ベロシティはチームの内部的な指標にすぎないが、情報発信するスクラムチームには、自分たちがアウトカムを生み出す速度が速くなったのか遅くなったのかを共有できるくらいの透明性がなければいけない。

チームが良いことも悪いことも透明にすると、何か魔法のようなことが起こるようになる。チームはさらに多くの自律性を与えられることになり、多くの信頼を得るようになり、信頼されているチームは自信に満ちたチームになるのだ。

第IV部
開発の複数の顔

スプリントをやるだけがアジャイルではない

33

ジェームズ・グレニング
著者プロフィール p.244

　良かれと思って始めたアジャイルトランスフォーメーションも、アプローチでつまずくことが多い。開発チームは、ウォーターフォールなやり方で長年働いており、製造業のマインドセットが染み付いている。そこで、スプリントで繰り返し開発をしたいとしよう。「スプリント」と聞いてメンバーが思い浮かべるのはオリンピックだ。

　大きなレースにはスプリンターがいる。スプリンターはゴールしてすぐに次のレースを走り出したりはしない。だが、アジャイルチームに期待されているのはそういうことだ。開発者は、デイリースクラムもしくはデイリースタンドアップをやるように命じられる。マイクロマネジメントされているみたいだ。スクラムマスターという名前を聞いたら、自分は部下だと思うようになる。いつも急かされているように感じる。終わりのないラットレースのようだ。2週間というサイクルを開発に押しつけたら、品質を無視していいと感じるようになる。とにかくフィーチャーを出すのが大事だと考えてしまう。

　このパターンを何回も見てきた。インクリメンタルなエンジニアリングや開発スキルに投資せずに、インクリメンタルなマネジメントから始めると、こういう痛い目にあう。インクリメンタルな開発なしにインクリメンタルなマネジメントを導入したら、目に見える問題がいくつも出てくる。イテレーション中に開発が完成しないことが、以前よりも多くなる。バグ管理表が膨れ上がり、必要な作業をサボり、コードの品質が低下し、開発者の士気は真っ逆さまに落ちていく。

　開発者に投資をすれば、この痛みを避けられる。インクリメンタルな開発に必要な知識、理解、スキルを身に付けられるようにしよう。インクリメンタルな開発を成功させ、成功するプロダクトを開発するのに必要なスキルは秘密でもなんでもない。1999年にケント・ベックが書いた『XPエクストリーム・プログラミング入門』（ピアソンエデュケーション、2000）[1]に必要なスキルのカタログがある。エクストリームプログラミング（XP）と継続的学習を組み合わせることで、インクリメンタルな開発はうまくいくようになる。納期どおりにリリースされる内容が増える。バグ管理表が小さくなり、なくなったりもする。コードの品質は高く、開発者の士気も高くなる。

　インクリメンタルな開発スキルなしにインクリメンタルなマネジメントプラクティスを

---

[1]　訳注：原著『Extreme Programming Explained』（Addison-Wesley Professional、1999）。その後 2nd Edition が刊行され、『エクストリームプログラミング』（オーム社、2015）として邦訳されている。

使えば、必ず痛い目にあうことになる。インクリメンタルな開発スキルとインクリメンタルなマネジメントが組み合わされば、素晴らしいことが起こり得る。スクラムは、どんな開発プラクティスを使うべきかを指示しない。だが、スクラムでは、良い開発プラクティスを身に付けていることが必要だ。標準や合意は、透明性と経験主義に欠かせない。

　私のアドバイスはこうだ。インクリメンタルな開発の認知、知識、理解、スキルを高めるところから始めよう。これまでの開発スタイルがインクリメンタルなマネジメントアプローチに適合しないのは、開発の問題というよりはシステムの問題だからだ。

パトリシアの
34 プロダクトマネジメント苦境

クリス・ルカッセン
著者プロフィール p.244

　パトリシアはイライラした様子でオフィスのキッチンに足を踏み入れた。食器棚からコーヒーカップをつかんで取り出すと、戸棚の戸をバタンと閉めた。

　「大丈夫かい？」　チームのスクラムマスターであるセイコは片眉を上げた。

　パトリシアは頬を紅潮させていた。彼女は自分が目に見えて動揺しているのに気づいていなかったが、プロダクトオーナーのデビッドはまたしても彼女を不安にさせることに成功したのだ。

　「大丈夫です」と、彼女は作り笑顔で答えた。

　「いや、ダメでしょ。どうしたの？」とセイコは尋ねた。

　CEOのジュリーがスクラムをやろうとみんなを説得してからというもの、パトリシアはプロダクトマネージャーとしての自分の役割に無力さを感じる一方だった。彼女はこれをセイコに伝えた。確かに、それまでもチームに対してそれほど影響力を持っていたわけではない。それでも、以前はまだ何かを成し遂げることはできていた。今では何でもプロダクトオーナーを通さなければいけなくなった。もちろんデビッドにも彼なりの計略があった。

　彼女はため息をつき「プロダクトオーナーを1人立てたことで、集中力と透明性が増したことはわかってます」と言った。「でも開発チームは私の経験も顧客インサイトも持っていないので、リリースしたものが顧客の課題にきちんと合ったためしがないんです」

　セイコは「気づいてたよ」と言った。「実際、チームは顧客のことがよくわかっていないんだ。それで不安になっているんだろう。もしくは、コードを書いているほうが好きなだけかもしれないけど」

　パトリシアは答えた。「好きなようにコードを書けばいいと思います。でも顧客に気に入られなかったら意味ないです！」

　セイコはニヤッと笑って「それは今やデビッドの問題だね」と言った。

　パトリシアはこう説明した。「もっともなご指摘だけど、彼は手を広げすぎです。全チームのためにすべての詳細を詰めることなんてできっこないんです」

　「まあ、行きたいところに行くのに、必ず自分がドライバーをやる必要もないけどね」とセイコは笑顔で言い足した。パトリシアはその日ずっと、いや夜になっても、このやりとりのことを考えていた。プロダクトが1つ、プロダクトオーナーが1人、1つのプロダクトバッ

クログに必要とされるすべての作業が並んでいるというのは、あまりに理にかなっていて、以前の仕事の進め方に戻るのはあり得ない。一方で、チームはしっくり行っていない。自分の知識はきっとチームの助けになる、彼女はそう感じていた。

翌朝彼女が朝起きてキッチンに行くと、娘のエミが弁当箱と格闘していた。エミは我を忘れて弁当箱の蓋を閉めようと躍起になっていた。

「あらあら、いったい何を詰め込んだの？」とパトリシアは尋ねた。

弁当箱の蓋を閉めるのに集中したまま、エミは「果物、サンドイッチ、りんご」と中身を挙げた。りんごも果物のうちだとパトリシアが言おうとしたとき、エミは「これ全部必要なの。それに別々の入れ物で持っていくのも嫌なの」と説明した。最後の一押しで、どうにかこうにか蓋は閉まった。

パトリシアはその朝出社すると、セイコ、ジュリー、デビッドを集めてミーティングを開いた。そしてプロダクトマネジメントと開発チームのあいだのギャップについて議論した。

「開発チームはいろいろな能力を組み合わせて持っている必要があります。その組み合わせはプログラミング、テスティング、設計に限定されるべきではありません。マーケットを知っている人間、つまり私のような人間にも役割があると判断しました。だから、私も開発チームに入りたいと思います」　それから彼女は笑顔でこう付け加えた。「別々の入れ物に入れるんじゃ意味がないんです」

プロダクトバックログの大きさを決める5つの段階

35

ラン・ラゲスティー
著者プロフィール p.244

　スクラムは**プルシステム**として設計されている。つまり、仕事をする人が、持続的かつ健全なやり方のもとで達成できそうだと思う量を決める。チームはプロダクトバックログからアイテムを取り出して、スプリントに投入する。誰かがチームの代わりに、どれくらいの量を取り出すか決めることはないのだ。

　だが、もしプロダクトバックログアイテム（PBI）の内容に沿えそうになかったり、1スプリントという制約のなかで完成できるかわからなかったりしたら、どうなるだろうか。

　チームがこの判断をするのに役立つテクニックの1つが、ポイントシステムを使ってPBI（またはストーリー）の大きさを決めることだ。これは指数関数的なスケールで相対的な複雑さを表したもので、簡単なものは小さな数字となり、複雑なものは大きな数字になる。

　結果として出てきた数字やポイントは、みんなで共通理解を形成しチームの団結を高めるまでの道のりと比べれば重要ではない。見積りは単なる数字以上のものになるのだ。

　これを実現するのに、チームは大きさを決める際に5つの段階を経ていく。

1. 個人の視点

スクラムチームはさまざまなレベルの専門性を持つ機能横断チームのため、PBIについてそれぞれのチームメンバー固有の知識を聞いたり、受け入れたりする。個人の視点は不可欠だ。全部の声を聞かなければいけない。**この段階では発信する力が必要だ。**

2. 個人の理解

チームメンバーは各個人の観点での理解をもとにして、PBIに関して自分たちのコンテキストを設定し始める。チームのほかの人たちの観点を取り入れて、問題を組み立てる。**この段階では聞く力が必要だ。**

3. 相対性

PBIについて設定したコンテキストをもとに、チームは相対的にアイテムを完成させるときの複雑度を決められるようになる。相対性は以下を共有することで決められる。

- グループの経験：「以前にやったことがあるし、また同じようにできる」
- 類似の経験：「似たようなことを以前にやったことがあり、そのときに学習したことを使える」
- 特別な経験：「以前にやったことはないが、自分たちには解決に使えるスキルがある」
- 個人の経験：「自分は以前にやったことがあるので、やり方を見せられる」
- 未経験：「以前にやったことはない」

相対性に関する議論のなかで、取りうる選択肢が浮かび上がってくる。**この段階では好奇心が必要**だ。

4. グループでのアラインメント

相対性が明らかになったら、チームはスケールに沿ってポイントを選び始める。フィボナッチ数列が圧倒的によく使われている。見積りは、あるポイントに自然と集まり始めるはずだ。必要に応じて何度でも会話しながらチームで全員一致でなんらかの数字を決める。合意できない場合は、アイテムを検討対象から外す。個人の理解や相対的な複雑さについての交渉が行われることもある。数字を強制されてはいけないし、固執してもいけない。**共感が重要**だ。

5. グループの叡智

チームが大きさを決め終わったら解散だ。PBI を完成させる上で期待されることについて共通の理解ができている。将来の活動に向けてグループの経験を集約して見えるようにしておくと、グループの叡智は高まっていく。**この段階で強いチームになる。**

最終的に、チームにとってほとんどのアイテムが「以前にやったことがある」とか「似たようなことを以前にやったことがある」という領域のものになっていく。グループの叡智が高まり経験が広がることで、大きさを決めるのは簡単になり、効率も上がるようになる。

36 ユーザーストーリーについて よくある 3 つの誤解

マーカス・ライトナー
著者プロフィール p.244

　ユーザーストーリーは、アジャイルソフトウェア開発で最もよく知られたコンセプトの 1
つだ。残念ながら、いちばん誤解されているコンセプトでもある。ユーザーストーリーを
使うとき、よく見かける 3 つの誤解を説明してみようと思う。

1. ユーザーストーリーはスクラムの一部である

　ユーザーストーリーを含むプロダクトバックログは多い。Jira のようにプロダクトバック
ログをユーザーストーリー形式で強制するツールもある。だが、スクラムガイドに「ユーザー
ストーリー」という用語は出てこない。プロダクトバックログアイテムは、フィーチャー、
機能、要求、要望、修正を含むものと説明されている。

　事実、ユーザーストーリーはスクラム由来ではない。ユーザーストーリーはエクストリー
ムプログラミング（XP）に由来する。XP は、ケント・ベック、ウォード・カニンガム、ロン・
ジェフリーズらによって、クライスラーで 1995 年から 2000 年に実施された C3 プロジェ
クトで作られたアジャイル開発モデルだ。

2. ユーザーストーリーは仕様である

　計画駆動のやり方に何十年も慣れきった組織でこのパターンをよく見かける。ニーズを
持つ顧客と、そのニーズを満たす開発者がいる。両者がお互いを理解するために重厚なコ
ンセプトが使われていたが、今日では、せいぜい小さなユーザーストーリーがあるだけに
なった。残ったのは、顧客-ベンダーという有害なアンチパターン[1]だ。

　ユーザーストーリーという名前には理由がある。**ストーリー**とは、語ったり話したりす
るものだ。ユーザーストーリーとは、ユーザーと開発者の会話を促すものだ。壁越しに投
げ込まれる仕様の新しい名前ではない。会話の結果はもちろん記録するが、その記録はス
トーリーではない。

　ロン・ジェフリーズは、良いユーザーストーリーのガイドラインとして 3C を提唱してい
る（https://oreil.ly/wGyzd）。Card（カード）、Conversation（会話）、Confirmation（確認）
である。**カード**は、ユーザーストーリーが元々インデックスカードに書かれたことに由来

---

[1]　訳注：プロダクトオーナーと開発チームが、発注者と受注者の関係にもとづいて明確に責任を分離して
　　いるアンチパターン

する（今なら付箋紙だろう）。重要なのはインデックスカードが小さく、必然的に簡潔になり、不完全さを生むことだ。そして、この不完全さが**会話**のきっかけとなるのだ。会話を通じて共通理解が生まれ、受け入れ基準（**確認**）の形で公式に記録される。この受け入れ基準がテスト駆動開発の基礎となるのだ。

3. プロダクトオーナーがユーザーストーリーを書く

この誤解は、2つめの誤解と併発することも多い。顧客－ベンダーアンチパターンは、受け渡しという観点で責任を確立する。プロダクトオーナーはユーザーの代表として、実装すべき詳細な仕様を開発チームに提供しなければいけないと考える。この古いアンチパターンを続けると、状況はさらに悪化する。開発チームは、プロダクトオーナーがきっちりそれをやってくれると期待するからだ。変わるのは、詳細な期待がユーザーストーリーとして表現されるということだけだ。そして、プロダクトオーナーがそれを書かなければいけないことを意味している。ストーリーの量を考えれば、プロダクトオーナーが1人でやるのは無理だ（「ストーリー地獄」に落ちることになる）。そこで、完璧なユーザーストーリーを書く仕様チームが作られる。そしてでき上がった仕様は壁越しに開発チームに投げ込まれるのだ。

> ユーザーストーリーは将来の会話の約束である。
>
> ——アリスター・コーバーン

結局のところ、ユーザーストーリーの話でも、誰が書くべきという話ではない。ユーザーと開発者をどうつなげて、お互いの理解を育むかということだ。1つのプロダクト開発チームとしてふるまえるようになろう。分断を招く顧客－ベンダーというドグマから脱却しよう。

37 攻撃者のユーザーストーリーを取り入れる

ジュディー・ネーアー
著者プロフィール p.245

> ハッカー[†1]とは、ハイテクのサイバーツールとソーシャルエンジニアリングの組み合わせで、他人のデータに不正にアクセスする者のことである。

——ジョン・マカフィー

　歴史的に見ても、ソフトウェアプロダクトの開発チームは、フィーチャーの開発やリリースに集中しがちだ。セキュリティはいつ考えるかというと、通常はリリースの直前だ！　このタイミングで、穴を塞いで貴重なデータを敵から守ることを考え始めるのはちょっと遅い。

　だが、実際のところ、誰が私たちの敵なのだろうか？　彼らは何が欲しいのだろうか？　何が彼らを駆り立てるのだろうか？

　そこで「攻撃者向けのユーザーストーリー」の出番だ。攻撃者向けのユーザーストーリーによって、私たちは敵や攻撃者の気持ちになれる。攻撃者向けのユーザーストーリーを使うことで、彼らの立場になってプロダクトを見て、いちばん貴重なリソースであるデータにアクセスする動機をブレインストーミングできる。

　攻撃者向けのユーザーストーリーを詳しく見ていく前に、機能的に対となるユーザーストーリーについて見てみよう。

　マイク・コーン（https://oreil.ly/2PL6i）によると、ユーザーストーリーとは次のようなものだ。

> システムのユーザーや顧客といったそれを望んでいる人の観点で、フィーチャーを簡潔に記したものである。

　ユーザーストーリーは通常、以下のフォーマットで書く。

> ＜人＞として、＜何＞をしたい。それは＜理由＞のためだ。

---

†1　訳注：かつては悪意のある行動をする人をクラッカー、深い技術知識をもとに問題解決する人をハッカーと使い分けていたが、最近ではブラックハッカー、ホワイトハッカーという用語で区別する動きが増えつつある

ユーザーストーリーはエクストリームプログラミング（XP）に由来する。だが、スクラムチームやカンバンチームなどさまざまなアジャイルチームで、要求を記録する用途で幅広く一般的に使われている。アジャイルチームがユーザーストーリーを好むのは次のような理由だ。

「やり方」よりも「何を」に集中できる
　　歴史的に、プロダクト開発チームはすべての要件を「システムは……」で始まる書き方をしていた。つまりシステムが何をする必要があるかという観点で考えることがほとんどだった。ユーザーストーリーはユーザーや顧客のために解決しようとしている問題そのものに集中するのに役立つ
ビジネスと開発のあいだで理解しやすい
　　ユーザーストーリーはユーザーの観点で書かれているので、ビジネス側の人とプロダクトを開発している人とのあいだを取り持ち、会話を促す。開発チームにとっては、良いユーザーストーリーはなぜそれを作るのかの「理由」を明らかにしてくれる。それは、ユーザーに対して共感を持つのに役立つ

　攻撃者のユーザーストーリーの構造は、機能のユーザーストーリーの構造ととてもよく似ている。組織が攻撃者と同じ方法でプロダクトを見るのに特に役立つ。実際のユーザーではなく、敵の視点でプロダクトを見るのに役立つ。彼らがどんな種類の資産を入手したいのか、動機は何なのかを理解するのに役立つ。

　攻撃者のユーザーストーリーの例を挙げよう。

　　　＜攻撃者＞として、＜目的＞をしたい。それは＜動機＞のためだ。

　私たちがプロダクトに追加するフィーチャーはすべて、組織の誰か（開発チームのメンバーであれセキュリティの専門家であれ）が敵の視点、つまりどうすればこのフィーチャーを悪用できるかという視点で見るようにすべきなのだ。

38 スプリント計画には何を入れている？

リッチ・フントハウゼン

著者プロフィール p.242

スクラムでは、スプリントプランニングにおいて、スプリントゴール、予想、予想を実現する計画を作ることになっている。スプリントゴールとは、スプリント中に予想したプロダクトバックログアイテム（PBI）を実現することで達成する目的のことだ。予想は、開発チームが選択した PBI のセットで、スプリント中に完成できると評価したものだ。

スプリントゴールを決め、予想を立てたら、開発チームは選択した機能を「完成」したプロダクトインクリメントにするための計画を練る。計画は、チーム全員に理解できるもので、進捗が測れるようになっていなければいけない。

スプリント計画の表現方法をいくつか見ていこう。

スプリント計画をタスクで表現する

よくあるのは、計画をタスクで表現する方法だ。スプリントプランニング中、あるいはプランニングが終わってからも、開発チームは予想したそれぞれの PBI について議論し、チームとして、小さくて実行可能な開発タスクという観点で作業を洗い出す。それぞれの作業は、別々のタスクとして捉えられ、サイズと時間が見積もられる。タスクは 1 日以内に終わるようにしたほうがよい。開発チームがスプリント中に進捗するにつれ、タスクを「作業中」に移動させ、さらに「完成」に移動させる。タスクを数え、残作業を集計することで進捗を検査できる。

スプリント計画をテストで表現する

あまりよく使われる方法ではないが、強力なのが受け入れテストで計画を表現する方法だ。スプリントプランニング中、あるいはプランニングが終わってからも、開発チームは予想したそれぞれの PBI について議論し、チームとして、1 つあるいは複数の受け入れテストを作成する。テストは受け入れ基準から作られ、ふるまい駆動開発（BDD）の表記方法が使われることが多い。開発チームがスプリント中に進捗するにつれ、受け入れテストの状態が「失敗」から「成功」に変わっていく。「失敗」しているテストと「成功」しているテストを数えることで、進捗を検査できる。

スプリント計画をダイアグラムで表現する

　高いパフォーマンスのチームのなかには、フリップチャート、ポスター、ホワイトボードなどにダイアグラムとして計画を表現するチームもいる。ダイアグラムは、見えてきつつある大きなアーキテクチャーダイアグラムの一部であることもある。スプリントプランニング中、開発チームは予想したそれぞれの PBI を新しい要素としてダイアグラムに書き加える（新しいレポートや、新規システムとの結合など）。開発チームがスプリント中に進捗するにつれ、、ダイアグラムの要素が「作業中」を表す色から「完成」を表す色に変わっていく。ダイアグラム全体の色を確認することで進捗を検査できる。

スプリント計画を表現しない

　長く一緒に働いて一体化したハイパフォーマンスのチームは、明確な計画を必要としないことも多い。彼らの計画は、明確な知識や共通理解にもとづいた会話を通して、リアルタイムに生まれてくる。それぞれの PBI をスウォーミングしたりモビングしたりしている開発チームと特に相性がよい。仕事はカンバンボードで可視化される。PBI を数えることで進捗を検査できる。

　あなたのチームではスプリント計画をどう表現しているだろうか？　ここに示した例によって、開発チームがスプリントで予想した PBI を実現する計画を作って表現する方法を考えられるようになればと願っている。まだ特定のアプローチしかやっていないなら、改善を追求して、ぜひほかのアプローチも試してみよう。

生き生きとしたスプリントバックログはデジタルツールを凌駕する

39

マーク・レヴィソン
著者プロフィール p.245

　私が出会う開発チームのほとんどは、スプリントバックログ用のオンラインスクラムツールを、与えられるままに使っているだけだ。スクラムは**自分たちで選んだもの**ではなく、**降って来たもの**だという感覚を持ってしまい、開発チームのスクラムへの関わりは薄くなる。だが、スプリントバックログは、開発チームが仕事の整理に使うためだけにある。スプリントバックログを作成し、変更し、管理するのは開発チームだけだ。外部のツールやよそ者ではない。

　スプリントバックログは、スプリントで完成できるとチームが考えるプロダクトバックログアイテム（PBI）のセットと、それらに必要な作業で構成されている。作業は、スプリントを通して進捗を追跡できるような粒度で表現される。スプリントバックログはタスクを含まなければいけないという通説があるが、まったくそんなことはない。

　スクラムガイドには、スプリントバックログの中身やフォーマットについて何も書かれていない。効果の高いスプリントバックログには、単なるタスク以上のものが含まれている。

　チームは、自分たちが集中して自己組織化するのに役立つ、ベストなものを実験して選ぶ。インデックスカード、ホワイトボード、そして、そうだ、デジタルツールでも、いちばん効果が出る方法でスプリントバックログを作る（注意：スプリントバックログ用のツールの保守でチームのスピードが落ちるなら、それは障害だ。スクラムマスターはもっと良い方法を探そう）。

　スプリントごとにチームとプロセスが確実に改善されるよう、開発チームは直前のスプリントレトロスペクティブから最低1つのアクションアイテムを選び、今回のスプリントバックログに入れることが推奨されている。スプリントゴールや、メンバーの休暇に関するメモを入れるチームも多い。仕事を進められない障害事項、割り込み、障害リストを可視化するために入れることもあるだろう。

　こういった情報を加えることで、チームはユーザーストーリーを完成させる以上のことに集中できるようになる。中期的に見て、作業の品質と効果を上げやすくする改善を行いながら、スプリントゴールを達成していく。

　あなたのスプリントバックログがよそ者（やデジタルツール）に決められて、あらかじめ入力されていたら、このような改善を入れる余地がない。

　スプリントバックログは開発チームの予測ツールでもある。日々、デイリースクラムで

開発チームは計画を見直し、スプリントでこなせる以上の作業を引き受けていないかを見極める。それからプロダクトオーナーと協力して、必要に応じてどのアイテムを追加または除外するかを決める。

スプリントバックログがほかの用途やマイクロマネジメント（https://oreil.ly/zMI47）などに利用されると、その価値は失われる。上司が作業をしている人を監視するために使うと、たとえ直接開発チームの行動を指揮するつもりでなくても、スプリントバックログに詳細を詰め込みすぎることになり、透明性が弱まり、完全になくなる。

スプリントが終了すると、スプリントバックログは終了する。完成した作業はデプロイされ、未完成の作業はプロダクトバックログのプロダクトオーナーが指定した位置に戻される。次のスプリントでは新しいスプリントバックログが作られる。

良いチームは、スプリントバックログが自分たちのものであることを知っている。偉大なチームは、数スプリントごとに実験し、スプリントバックログをさらに改善できることを探す。

40 テストはチームスポーツだ

リサ・クリスピン
著者プロフィール p.245

　機能横断的で自己組織化しているチームは、プロダクトに品質を作り込むすごい力を持っている。イノベーションは多様性によって加速する。異なるスキルセット、いろいろな経験、自分では意識しないさまざまな先入観を持った人たちと一緒に働くことは、あらゆる種類の問題の解決に役立つ。テストに関わる課題を抱えていたり、テストがボトルネックになっていたり、プロダクトのひどい品質が問題になっていたりするなら、チームの問題として解決しよう。

チームとして、必要なレベルの品質にコミットする

　テストはチームスポーツだ。デリバリーチーム全体で、顧客にどの程度の品質のプロダクトを届けたいのかを話し合おう。そして、その品質の達成にコミットしよう。意味のあるコミットメントにしよう。品質の悪さを自分で回避できない問題のせいにしてはいけない。

大きな問題に対して小さな実験を設計する

　レトロスペクティブを頻繁に行って、チームにとって現時点でいちばんまずい品質上の問題を特定しよう。優秀なファシリテーターを招いて、全員が意見を言えるようにしよう。レトロスペクティブを効果的にファシリテーションするためのヒントになる本はたくさんある。ダイアナ・ラーセンとエスター・ダービーによる『アジャイルレトロスペクティブズ』（オーム社、2007）[1]などだ。

　品質上の大きな問題を少しずつ解決するために、小さな実験を設計しよう。品質に関連する問題の数はとても多いことに注意しよう。想定するアウトカムとその進捗の計測方法を含む仮説を立てよう（リンダ・ライジングの小さな実験についての講演[2]を見てから始めるのをお勧めする）。進捗を頻繁に確かめよう。継続、微調整、中止を必要に応じて選ぼう。

---

[1] 原著『Agile Retrospectives』（Pragmatic Bookshelf、2006）
[2] 訳注：リンダはこのテーマで多数の講演をしており、動画が複数公開されている。https://www.youtube.com/watch?v=rNsm60qqIF4

問題を見えるようにする

　問題解決の最初のステップは、問題を見えるようにすることだ。目立つ大きなチャートを作って、テストの課題について会話を促そう。クリエイティブにやろう。ストーリーボードに大きな赤いカードを貼り付けて、本番環境に流出した障害のヒートマップを作ろう。壁掛けの大きなディスプレイに、色を変えて問題を表示しよう。あるチームは、まずい問題が発生した場合にパトライトを光らせるようなこともやっていた。

　見えるようにすることは、品質とテストの共同所有を促す。互いに協力して問題解決するために、見える化を使おう。問題について語りながら、一緒に絵を描き、文書を書いて、検討を続けよう。

語り続ける

　プロダクトが実際に使われるところから学び、顧客のニーズを満たすために新しいフィーチャーを作るときに、異なる専門分野を持つメンバー間の会話が継続的に行われるようにする必要がある。スリーアミーゴミーティング（https://oreil.ly/OO19e）や例示マッピング（https://oreil.ly/BNAhk）を使って、フィーチャーやストーリーの共通理解を確立してから開発を始めよう。開発を始める前に、テストのスペシャリストや良い質問をできる人を巻き込むことで、事前に巨大設計をしてしまうことなしにサイクルタイムを縮められる。

ゆっくりやる

　スピードではなく品質にフォーカスしよう。実行可能なテストで開発をガイドすること。それがセーフティネットや生きたドキュメントになる。自信を持ってコードを変更できるチームは、安定したペースを見つけられる。

　忘れないでほしい。テストが終わるまでストーリーは完成しない。仕掛りの数を制限し、ストーリーを1つ1つ完成させることに集中する。テストがボトルネックになっていると感じるなら、次のスプリントに投入するストーリーの数を減らそう。どのチームメンバーでもできるようなテストのタスクは可視化しよう。ペア作業やモブ作業によって、テストのスキルをほかのメンバーに伝えよう。

　安全に失敗できる学習環境を育もう。毎日、チームで品質にコミットすることを忘れないでほしい。辛抱強く、小さいステップで進めよう。品質と価値の高いフィーチャーを届けることで、自らの仕事を楽しみ、顧客を喜ばせよう。

41 バグ再考

リッチ・フントハウゼン
著者プロフィール p.242

　問題、インシデント、サービス停止、欠陥、バグ。これらの言葉を口にするだけで、プロダクトオーナーやステークホルダーの背筋が凍ることがある。品質が低いことを暗示しているからだ。そのため私は、このような言葉の利用を減らしたり、チームの言葉から外したりするのに情熱を注ぐ。確かに、プロダクトが望ましくないふるまいをすることはある。以前は動いていたフィーチャーが動かない、例外、予期せぬ停止といったものをみんな経験している。そういったものを**バグ**と呼びたくなるかもしれないが、そうしたところで何の役に立つだろうか？　プロダクトが望まないふるまいをするのにはさまざまな理由がある。私たちは開発者を名指ししたり、非難したり、恥をかかせたりするために蔑称を使っているだけではないだろうか？

　スクラムでは、スプリントでする作業をすべて**開発**と呼ぶ。スプリントゴールに向けて開発を進め、スプリントゴールの達成に必要で、完成できると予想したプロダクトバックログアイテム（PBI）を届ける。作業の種類に関係なく、説明責任はスクラムの開発チームにある。スプリントでの開発中は、開発したインクリメントのなかにバグのようなものはない。コンパイルエラーでビルドが失敗する。コード品質のチェックに通らない。自動テストが失敗する。どれも開発だ。予測できない問題がたくさん起こる大変な仕事である。スプリントでは、その作業がまだ「完成」していないという以上のことは言えないのだ。

　開発チームがチーム内で作業を完成させるのに必要なすべてのスキルを持っていない場合には、さらに重大な問題が起きる。たとえば、時差があったり組織が違ったり場所が違ったりするチーム外の人によってテストが行われる場合だ。だが、これはまずは**コミュニケーション**の問題だ。課題管理ツールは、特に開発中の段階においては、考えうるもののなかで最悪のコミュニケーションメカニズムだ。見つかった問題はバグではない。チームがまだそれを完成させていないだけだ。開発チームのなかでは、肩書きもサブロールもサブチームも認めない。「チーム全体」の考えで進めることを思い出してほしい。全員で説明責任を共有することで、リスクを減らしつつコラボレーションと透明性を向上させるのだ。

　これは、スプリント中に、以前に作って完成したと思っていたインクリメントの望ましくないふるまいに遭遇しないという意味ではない。インクリメントを実際にリリースしたかどうかに関係なく、「バグ」という単語を使って構わない。バグが見つかったら、プロダクトオーナーと影響、価値、見つかった問題を直すのに必要な労力について相談する。プ

ロダクトオーナーが至急修正すべきだと考えたら、開発チームはそれをスプリントバック
ログに追加する。このとき、プロダクトオーナーはそれがスプリントの予想に影響すること、
スプリントゴールを見直す必要があるかもしれないことを認識しておく。

　一方で、プロダクトオーナーは現在のスプリントを危険にさらすほどの緊急性はないと
判断して、いったん待つという判断をすることもある。その場合は、プロダクトバックロ
グに追加して、プロダクトオーナーは将来のスプリントでそれを検討する。

　スクラムでは、プロダクトバックログアイテムは説明と価値と見積りの入れ物と定義し
ていて、それ以上の具体的な何かは定義していない。アイテムが「うれしい」ものであれ「悲
しい」ものであれ、プロダクトオーナーが遅かれ早かれ実行すべき十分な価値があると判
断した作業であることに変わりはない。プロダクトバックログのすべての作業は（それが
負の価値を回避するものであっても）価値を届けるものであり、実行にはコストがかかる。
その ROI が割に合うかどうかの判断はプロダクトオーナーに委ねられているのだ。

42 プロダクトバックログリファインメントは、重要なチーム活動だ

アヌ・スマリー
著者プロフィール p.246

スクラムで最も重要なものの1つに、よく手入れされたプロダクトバックログがある。スクラムガイドによると、プロダクトバックログリファインメント（リファインメント）とは、「プロダクトバックログに含まれるアイテムに対して、詳細の追加、見積り、並び替えをすること」である。

リファインメントに誰が参加し、何をするかについては、少なからず誤解があるようだ。リファインメントは、プロダクトオーナーと開発チームが継続的に行う活動で、次以降のスプリントのためのプロダクトバックログアイテム（PBI）のセットが**アウトプット**だ。そして、それぞれの PBI の共通理解が**アウトカム**になる。

プロダクトオーナーがチームと一緒ではなく単独でリファインメントを実施しようとするのは、スクラムの**アンチパターン**だ。このアンチパターンによって、チームはリファインメントのアクティビティを繰り返さなければいけなくなり、スプリントプランニングが脱線したり、長くなったりする。酷い場合には、チームが必要な作業をよく理解しないままスプリントを始め、スプリントがカオスで終わるリスクが高まる。リファインメントは、プロダクトオーナーと開発チームで**絶対**に一緒にやる必要がある。PBI の共通理解をチーム全体に広げるのが目的だ。

リファインメントでやることを REFINE の語呂合わせで覚えておこう。

R-Review（レビュー）

> プロダクトバックログのレビューは、優先度を確認して順位付けをする共同作業だ。顧客やステークホルダーにとって最重要なアイテムをいちばん上にする。開発チームもアイテムを追加できる。現在のスプリントや直近のスプリントレビューの結果によって、順位は変わることがある。

E-Elaborate（詳細確認）

> プロダクトオーナーは、開発チームと一緒にそれぞれの PBI をウォークスルーし、詳細で正確であることを確認する。あらかじめ、リファインメントセッションのなかで詳しく説明する PBI を送っておくことも多い。リファインメントのなかで、それぞれの PBI を議論し、懸念点を解消する。ときどき、次のリファインメントまでに追加の調査が必要なことに開発チームが気づくこともある。

F-Fix（修正）

プロダクトオーナーと開発チームは、1スプリント内で完成できるように PBI を分割する。ユーザーストーリーを分割するとき、水平分割でなく垂直に分割するようにすること（ストーリー分割チートシート《https://oreil.ly/TmMqV》を見てみよう）。

I-Investigate（調査）

次のスプリントを準備する上で、PBI の作業内容について開発チームの調査が必要な場合がある（ほかのチームと話す、コードを確認する、技術調査するなど）。

N-Negotiate（交渉）

プロダクトオーナーと開発チームは、受け入れ基準を明確化したり調整したりするために協力し合う。プロダクトオーナーは、ストーリーとステークホルダーが指定した受け入れ基準を読み上げる。開発チームと議論ののち、必要に応じて受け入れ基準を書き換える。そうすることで、全員の合意が確認できる。

E-Estimate（見積もり）

PBI の共通理解ができたら、開発チームはバックログを見積もる。見積り手法はチームの自由だ。

フィボナッチ数列を使い、プランニングポーカー（https://oreil.ly/Qqjbj）や T シャツサイズ（https://oreil.ly/LLhDL）でストーリーポイントを見積もるやり方が一般的だ。

この語呂合わせで、リファインメントで**何をやるか**を思い出しやすくなったと思う。必要な活動をしておかないと、スプリントプランニングが長引いたり、スプリントが失敗したり、スプリントゴールが不明になったり、手戻りが多くなったりする。技術的負債にもつながってしまう。

43 アジリティの自動化

デイビッド・スター
著者プロフィール p.246

　継続的インテグレーションや継続的デリバリーのような最新のプロダクトデリバリーシステムは、チームが品質の良いソフトウェアを今までにないくらいすばやく届けるのに役立つ。このシステムには驚くべき副次的効果がある。チームのダイナミズムを変化させ、まるで偶然のようにアジリティを生み出すのに役立つのだ。自動化されたプロダクトデリバリーシステムは、単にソフトウェアのテストを可能にするだけでなく、チームの働き方を変え、結果としてスクラムによる本当のアジリティをチームにもたらす。

　スクラムは機能横断チームを必要とする。たとえば、プロダクトデリバリーシステムがテストの失敗のせいで止まっているなら、データベースの専門家はフロントエンドエンジニアと協力して、テストが通るようにして復旧する。「ビルドを壊すな」というルールがチームのコラボレーションを改善するのだ。チーム固有の品質と自動化の文化を持ち、コードのコミットによってテストが失敗したら速攻で直す。これによって、個人の専門性に関係なく、プロダクトやそれを生み出すシステムにチーム全体で集中できるようになる。

　そのようなシステムを持つチームは1日に何度も自信を持って本番環境にリリースできる。「だけど、スプリントで届けるのは1回じゃないの?」と思うかもしれない。だが、スクラムガイドでは、チームがスプリントごとに複数のインクリメントを届けてはいけないとは言っていない。継続的プロダクトデリバリーシステムを使って、チームがやっているのはまさにこれだ。作ったものを本番にリリースしているかどうかは関係ない。

　このように働いているチームは、少しずつスクラムの特徴を体現していくようになる。通常はデイリースクラム(立ってやることもあれば、そうでないこともある)から始めるが、適切に行えばとても価値がある。重要なのは、昨日やったことをくよくよ考えることではなく、次の24時間の計画を立てることだ。必然的にスクラムボードが登場する。ボードは物理的なものかもしれないし、電子的なものかもしれない。そうして、チームは見える形で作業を追跡するようになり、パフォーマンスを観察できるようになる。

　初めてスクラムに取り組むチームは、まずスプリントプランニングから始めようとすることが多い。だが、代わりにレトロスペクティブに注目することをお勧めしたい。レトロスペクティブでの議論はとても貴重だ。チームが次に改善すること、それを自動化できるか、デイリースクラムをどう進めるかといったことに焦点を当てる。そして、チームは、時間をかけて改善していくことをバックログにすべきだ。このバックログに取り組むことこそ

が、スクラムのプラクティスを徐々に成熟、成長させ、ソフトウェアを作る上でのクラフトマンシップを改善する、完璧な方法なのだ。

　時間とともに、うまくいっているチームはほかのスクラムの作成物、イベント、役割も取り入れるようになる。これは本当のスクラムチームになるまで続く。ミーティングで、ふりかえりと計画作りを分離し、プロダクトオーナーに権限を与えることを主張するようになる。依存関係のあるチームと調整しながら計画を作り始めるようになることもある。つまり、効果的なことをするだけでチームはスクラムにたどり着けるのだ。スクラムガイドは素晴らしいものを作るためのフレームワークを提供している。

　自動化したプロダクションシステムを使うのは、完全にエンジニアリングの活動に見えるかもしれない。だが、ツールはルールを設定してくれる。このようなシステムとスクラムを組み合わせることで、チームとプロダクトの作り方を良い方向に変えるのだ。自動化を重視するスクラムチームは、未熟で手作業の多いチームと比べて、高品質なソフトウェアをとてつもなくすばやく届けられるのだ。

44 常緑樹

ジェシー・ホウウィング
著者プロフィール p.246

　ソフトウェアとハードウェアを組み合わせた**大きな**プロダクトを開発しているところを想像してみてほしい。プロダクトがうまく動けば人の命を救える。動かなければ殺してしまうこともある。医療機器の開発に携わる多くのチームが直面している現実だ。

　そんな環境のチームで働いていたことがある。複数の**チーム**と言うべきか。18チームが単一のコードベースで作業をしていた。いくつかのチームが入居しているビルに初めて入ったときは、「ハーフライフ」というコンピューターゲームに出てくる研究施設に来たみたいに感じた。人が走り回り、コンピューター、機械、古いバージョンのプロダクトが至るところに散乱していた。あるとき、チームが依存関係を見える化しようとしたら、あちこち絡み合っていた。

　たくさんの人がいくつもの建物や国にまたがって同じプロダクトで作業をしている場合、ものごとを壊さないようにするには厳格な規律が必要だ。予期せぬ、不要な、新しい「フィーチャー」を間違って入れないようにしなければいけない。コードの一貫性を維持するための最低限として、継続的インテグレーション（CI）の仕組みを導入した。ただ、多くのコードが単体テストや結合テストでカバーされていても、コードと機能の100%がテストでカバーされていなければ、コードが予期しないことをしないとは言い切れない。

　チームの部屋や廊下のキャビネットの上に古いデスクトップ PC を設置して、ビルドが壊れているという危険な状態をすぐにチームに見えるようにした。問題が発生すると、チームがすぐにオーナーシップを発揮するようになった。199人の同僚の仕事を滞らせていることを理解したのだ。規律を保ち、問題を回避しないようにすることで、多くの問題はすばやく解決され、やがて良いコラボレーションのやり方を見つけ出せるようになった。

　CI でも解決できない問題に、人間のコラボレーションの問題がある。この問題にも CI のアプローチに近い方法で取り組んだ。

　問題をくすぶったまま放置しておくと、その場ですぐに対応するよりもはるかに高くつくことになる。特別なメールアドレスに誰でもメールが送れるようにした。そのアドレスにメールを送ると、チームの部屋と廊下のスクリーンがすべて赤になる。統合を停止しつつ、199人の同僚の仕事の手が止まるようにしたのだ。すべてのチームは即座に反応して、問題の解決に代表者を送り込む。まさに文字どおりに、チームの代表は所定の場所に集まり、課題をレビューし、アクションを取る。

結果的に問題ないことがわかったとしても、問題を知らせる行動をした勇気は称賛される。**本当に問題だったとき**は、問題にすばやく取り組むことができ、影響を最小限にできる。ひもを引く†1のに失敗し、あとで「知ってたんだ。言おうと思っていたんだ」と言ったときは、信頼と勇気に関わる難しい会話をせざるを得なくなる。

　常にコードを統合し、テストの合格を保つには規律が必要だ。正しい会話を行い、本当にチームを統合するには、さらに規律が必要になる。

---

†1　訳注：製造業では、生産ラインを停止するのにひもを引くようになっている

第Ⅴ部
ミーティングではなくイベント

スプリントは目的のためにある。ランニングマシンにするな

45

ユッタ・エクスタイン

著者プロフィール p.246

　あなたはスプリントがスクラムの中心であることに気づいていることだろう。スプリントは4週間までの短いサイクルだ。スクラムを使っているチームはみなスプリントで仕事をする。

　残念ながら、単にチームがスプリントで仕事をしているだけの組織もある。チームが取り組む仕事は、あちこちからやって来るランダムな仕事で、スプリントは単に切り離されて隔離された時間のかたまりにすぎないのだ。チームはスプリントを目的意識を持って進めるのに役立つ方法と捉えるのではなく、ランニングマシンのように捉えている。このようなチームが直面する問題の1つに、自分たちの仕事の最終的な目的や全体的な目的、もしくは方向性をチームが知らないことが挙げられる。知っているのは、スプリントで何が期待されているかだけだ。だが、全体的な目的を知らなければ、どのスプリントも無意味になって、ランニングマシンになってしまう。あるチームメンバーはこれを「無限スプリント」と言っている。この過激な発言は、スプリントの計画もなく、結果の計測もないことを物語っている。スプリントが単なる**何か**をするための時間の箱になっているのだ。

　だが、スプリントを計画せず、あとで計測もしていないなら、プロジェクトの状態は決してわからない。学んだこと（たとえば、スプリントでどれくらい達成できるか）を全体の目標に結び付けることもできない。そのため、全体の目標に到達できそうかどうかは、最後の最後にしかわからなくなる。

　つまり、スプリントを計画することと、計測することの両方が必要なのだ。チームはビジネスが選んだフィーチャーをタスクに分解し、それを見積もり、そのタスクがスプリントのあいだに終わりそうかを確認する。以下を確認するようお勧めしたい。

- スプリントで使える時間は作業を終わらせるのに十分か？
- 前のスプリントではどれくらい作業を終わらせることができたか？　次のスプリントで同じだけ終わらせることができそうか？（このテクニックは「昨日の天気」と呼ばれることが多い。時間が経つにつれて、スプリントの成果の平均が信頼できるようになっていく）

スプリントで使える時間が前のスプリントと同じなら、2つめの点だけ複数人で確認すれ

ば実際には十分だ。だが、休暇や病気が流行っている時期、教育、ほかの仕事などで使える時間に大きな違いがあることもある。

　そこで、スプリントの最後には、実際にどれだけ達成できたのかを計測すべきだ。まずは達成したことを祝おう。そして計測した結果は、次のスプリントを計画するときに考慮に入れるとともに、全体の見通しを更新するときにも考慮に入れるようにしよう。

46 効果的なスプリントプランニングをするには

ルイス・コンサウヴェス
著者プロフィール p.247

　チームがする仕事のすべてはスプリントプランニングで計画される。計画はお互いの協力のもとに作られ、スクラムチーム全体を1つにする。スプリントプランニングは、1か月のスプリントの場合最大8時間までのタイムボックスだ。スプリントが短ければ、スプリントプランニングも短く済むだろう。

　スクラムの計画作りでは、チームは、どれだけの量の仕事をプロダクトバックログから取り出せるかに合意する。この予想に合意した上で、プロダクトオーナーと一緒にスプリントゴールを定義する。スクラムマスターは、確実にスプリントプランニングが行われること、参加者がイベントの目的とタイムボックスを理解していることに責任を持つ。

　スプリントプランニングの目的は、スプリントの仕事を組み立てて現実的なスコープを設定することだ。

　スプリントプランニングの参加者は以下のとおりだ。

- プロダクトオーナー
- スクラムマスター（ファシリテーター役）
- ほかのチームメンバー全員

　チームは、プロダクトバックログからどれくらいの量をスプリントに入れられるかを合意する。この予想に合意した上で、プロダクトオーナーと一緒にスプリントゴールを定義する。

　イベントの主なアウトカムは以下のとおりだ。

- スプリントバックログ。チームがコミットしたストーリーと受け入れ基準を含む
- スプリントゴール
- ゴール達成のためにできることは何でもする、というチームの合意

　スプリントプランニングをさらに効果的にするために、ちょっと考慮すべき点がある。

　プロダクトオーナーは、ミーティングの前にスプリントゴールのドラフトを準備する責任がある。達成したいビジネス目標がよい。チームが別のチームの進捗に依存している場合、

プロダクトオーナー同士の方針をそろえることが極めて重要だ。プロダクトオーナーがスプリントプランニングで優先だと示したものが外部への依存のために実行できない状況は、チームにとって非常に苛立つものになる。

　チームメンバーにも宿題がある。スプリントプランニングの前に、やっておくべき調査タスクがあることが多い。アーキテクチャーや将来の実装についての質問に答えられるようにしておくのだ。

　スプリントプランニングは、通常、プロダクトオーナーがビジネスゴールをレビューすることから始まる。ミーティング中、チームは実装方法の選択肢を検討し、受け入れ基準を（プロダクトオーナーと一緒に）練り上げ、それぞれのストーリーを完成させるのに必要な作業量を見積もる。チームのキャパシティーが定まったら、チームはスプリントゴールと、スプリントに入れるストーリーのリストに合意する。

　チームができる以上のストーリーを受け入れがちなことに注意してほしい。スクラムマスターは、この状況に対処することで、チームのイライラや失望を減らせるかもしれない。

　明確な行動指針を用意するのも役に立つ。スプリントプランニングの行動指針の例を以下に示す。

- 過去のスプリントあたりの実績を計算し、キャパシティーにもとづいてどれだけできるかを決定する。「No Estimate（見積りなし）」でやっているなら、ストーリーの数でよい。
- プロダクトオーナーはビジネス目標と野心的目標を提示する
- チームはそれぞれのストーリーを議論する
- チームとプロダクトオーナーは交渉して、選択するストーリーを決定する。チームのポイントを使い尽くしたら、計画作りを終了する
- 全員でスプリントゴールにコミットする

スプリントゴールで目的を設定する（単に作業リストの完成にしない）

47

マーク・レヴィソン
著者プロフィール p.245

　スプリントは単にユーザーストーリーを完成させたりバグを修正したりするだけのものではない。スプリントに目的や方向性がなく、単にバラバラの作業リストの項目をチェックするだけのものなら、開発チームはなかなか高い効果を発揮できず、仕事の価値も低くなる。

　ある調査[†1]によると、人は個人で働いていようとチームで働いていようと、ゴールに向けて仕事をしていると多くのことを達成でき、ゴールが具体的かつ挑戦的で確固たるものであるほど、ゴールの恩恵は大きいとされている[†2]。

　スクラムでは、スプリントプランニングのアウトカムとして、チームにスプリントのゴールを設定するよう求める。スプリントゴールによってしっかりとした方向性を設定し、作業を再評価する柔軟性を持ちながら、スプリントゴールに向けて最善を尽くして進めていく。スプリントゴールがそのスプリントをやる**理由**となって、目的とコミットメントを確たるものにするのだ。

　明快なスプリントゴールを設定することで、開発チームは何を届けようとしているのか、それは**なぜ**なのかを確実に理解できるようになる。ゴール設定の場に参加することで、開発チームがオーナーシップを持つようになり、ときには当初計画したものよりも良いソリューションを見つけられることもある。ゴールは、デイリースクラムでの焦点や、スプリントゴールから外れている場合には再度ゴールに集中するチャンスを与えてくれる。要するに、ゴールは人の集団が本当のチーム（https://oreil.ly/ypBsL）に成長するための重要な要素だ。

　私の経験上、ほとんどのスプリントゴールは明快でない。こんな不十分なスプリントゴールを見かけたこともある。

- 10個のバグを修正する
- 関連性のない7つのユーザーストーリーを終わらせる

---

†1　Edwin A. Locke and Gary P. Latham, "Building a Practically Useful Theory of Goal Setting and Task Motivation," American Psychologist, Vol. 57, No. 9 (2002), pp. 705–17.

†2　Edwin A. Locke and Gary P. Latham, eds., New Developments in Goal Setting and Task Performance (New York: Routledge, 2013).

- Jira でチームにアサインされた作業を終わらせる（そう、これはアジャイルもどきで効果がない。だがとてもよく見かける）

どれもチームが集中する役には立たないし、チームが達成を目指すものを明快に伝えてもいない。

では、何があれば良いスプリントゴールになるのだろうか？　良いゴールは、なぜこのスプリントを実施する価値があるのか、自分たちは問題を解決しようとしているのか、フィーチャーを実装しているのか、それとも仮説を検証しようとしているのか、といった質問に答えてくれるものだ。

良いスプリントゴールには、以下のようなものが含まれるだろう。

- ユーザビリティとパフォーマンスを改善して、ショッピングカートの離脱率を 50% から 30% に減らす。**これで購入体験が悪いせいで売上が減っているという問題が解決する**
- 既存の商品検索にフィルターを追加することで、購入者は時間をかけずに自分にあったものを見つけられるようになる。**ここではフィーチャーを 1 つ追加する**
- 40 ドル以上の注文で送料を無料にする。**送料無料にすることで 1 回あたりの購入額が増えるという仮説を検証する**

プロダクトオーナーがスプリントゴールを設定しなければいけないかというと、そんなことはない。ビジネスやプロダクトの目的を念頭においてスプリントプランニングを行うのはよいが、実際のスプリントゴールは、望んでいることと達成可能なことについて共通理解を形成する過程で、開発チームとの交渉を通じて浮かび上がってくるものだ。「達成可能」とは完成の定義で合意した品質を維持しながらやり遂げることを意味する。

ボブ・ガレンは会社全体をスプリントレビューに招待することを想定してメールを書いてみることを提案している[3]。出席してもらえるようにするには、タイトルや最初の数行をどうすればよいだろうか？

それがスプリントゴールのヒントになる。スプリントゴールとは、プロダクトオーナーと開発チームで作った、スプリントの望ましいアウトカムについての共通理解を表したものなのだ。

---

[3]　Robert Galen, "Sprint Goals——Are They Important?," RGalen Consulting (blog), Aug. 3, 2016, https://oreil.ly/5B36I.

スプリントゴール：
48 スクラムで忘れがちだが重要な要素

ラルフ・ヨチャム
ドン・マクグリール
著者プロフィール p.239

「スプリントゴール」という単語はスクラムガイドで27回登場する。これは、スプリントゴールがスクラムにおいて重要な概念であることの現れだ。だが、実際には間違いなく理解されていない概念でもある。アジャイルマニフェストではこう言っている。

> プロセスやツールよりも個人と対話を

このマインドセットはアジリティとチームが自己組織化する上での土台となるものだ。だが、自己組織化はひとりでに生まれたりはしない。直感に反して、自己組織化には決められた境界（ルール）と明確な目的（ビジョン）が必要だ。スクラムフレームワークは、複雑な問題に取り組むための実証済みのルールの集まりだ。理想的には、最初のスプリントの前に明確なプロダクトビジョンができていて、繰り返しそれを伝えることが望ましい。プロダクトオーナーにはこれに対する説明責任があり、スクラムのリズムを活用してビジョンを強化できる。良いビジョンがあることで、スクラムチームは共通の目的に向けて集中し、モチベーションを持てるようになる。だが、ビジョンは一足飛びには達成できない。途中にはいくつもの小さな飛び石がある。それがスプリントゴールだ。

> 1つの目標にたどり着くことは、別の目標の始まりである
>
> ——ジョン・デューイ

スプリントゴールは、スクラムの実践のなかで無視されることが多い。完全に無視しているわけでないにしても、プロダクトバックログから取り出したアイテムの単なるリスト（ゴール：#23、#45、#48、#51のストーリーと、#88のバグ修正）になっていることもある。こんなものはゴールではない。単なる進捗を示すものにすぎず、チームに忙しく仕事をさせるだけだ。アウトカムよりもアウトプットを優先しているのだ。

これが起こるのは、プロダクトオーナーが本当の意味でプロダクトを「所有」しておらず、ただやるべきことを指示されているときだ。結果として、スプリントで取り組む作業は全体的な方向性を欠いていて、さまざまなステークホルダーからの要求がランダムに入り混じったものとなる。

しっかりしたスプリントゴールを立てる上でのヒントをいくつか紹介しよう。

- スクラムチームのメンバーが、次のスプリントレビューを楽しみにしているステークホルダーに廊下で呼び止められて、「何が見れるの？」と聞かれている様子を想像しよう。予定している 12 個のプロダクトバックログアイテムのことなんて聞きたくないはずだ。何が達成されるのか、もっと簡潔で大まかな目標を知りたいのだ
- スクラムチームがスプリントに名前をつけるのもおもしろい。ハリケーンのような適当な名前をつけるのではなく、「登録のスプリント」のようなスプリントゴールにちなんだ名前をつけてみよう
- 「このスプリントによってどう自分たちのビジョンに近づくのか？」と自問してみよう。その答えがスプリントゴールの候補だ
- 1 つのスプリントで複数のスプリントゴールがある場合は、一貫して考えられていないしるしだ。複数あるなかから 1 つを選んで、目標に設定しよう。「全部が重要というのは、全部が重要ではないのと同じ」だからだ。

スプリントゴールは開発チームに北極星を与え、開発チームはそれをもとに自分たちの計画、つまりスプリントバックログを作る。北極星が動かないので、計画は環境の変化に合わせて適応することになり、開発チームはより自己組織化できるようになる。デイリースクラムでは、開発チームはスプリントゴールに向けた進捗を確認して、計画をまとめて更新する。退屈な状況報告ミーティングではないのだ。

ごくまれに、スプリントゴールが価値を生まない無用なものになることもある。そんなときは、プロダクトオーナーはスプリントをキャンセルする権利がある。スクラムチームはすぐに新しいスプリントゴールを持つ新しいスプリントを計画する。

明確な目標を持たないでスプリントを進めると間違った場所にすばやくたどり着いてしまう。そうならないよう、現実的なスプリントゴールを設定することが何よりも重要だ。

デイリースクラムは、開発者の
49 アジャイルなハートビートだ

ジェームズ・コプリエン

著者プロフィール p.241

　アジャイルの中心にあるのは、プロダクトへの要求の変化に対応する能力だ。その能力を得るために、プロダクトに取り組む人たちの密な相互作用が必要だ。

　スクラムは、複数の時間軸でアジャイルだ。スプリントのレベルで、顧客とコラボレーションし、頻繁にプロダクトをリリースする。スプリントは、スプリントプランニングで始まる。チームは次の開発期間の作業計画を組み上げる。だが、スプリントプランニングで終わりではない。チームは、ビジョンを実現するプロダクトをうまく作る方法を日々学び続ける。デイリースクラムは、スクラムチームのアジャイルなハートビートで、開発者は毎日再計画するのだ。

　短く説明するなら、デイリースクラムは開発者全員が参加する 15 分タイムボックスのミーティングだ。開発者は、その次のデイリースクラムかおそらくはもっと先までの期間で、何をやるかを再計画する。そのためには開発の現状や、開発の障害となる事項についてのすばやい合意形成が必要だ。特に最近スクラムを始めたチームでは、現状と望ましい道筋を検査するのに、有名な 3 つの質問[†1]を使うこともある。だが、それだけでは十分ではないし、デイリースクラムでそれが必要なわけでもない。立ってやるのはどうか？　これもミーティングを短く保つためのリマインダーにすぎない。あなたが座っていたとしても、スクラム警察がくどくど言うこともない。このプラクティスのきっかけになったボーランドでの初期のデイリーミーティングでも、みんな立っていなかった。

　変化が連続して発生することはあまりない。ある程度の時間のなかで不連続に発生する。1 週間か 2 週間に 1 回の検査と適応では頻度が足りない。だが、細かい開発作業それぞれでプロダクトが変化するたびに同期をとるのは、頻繁すぎて非効率でうっとうしいものだ。人間はリズムの生き物だ。人間にとって、毎日というのは自然のサイクルだ。

　スプリントのあいだ、チームはスプリントゴール達成への軌跡を描く。スプリントゴールは、合意した計測可能なもので、たいていビジネス要求が反映されている。

　開発者のスプリントバックログは、スプリントゴール達成のために作られた作業計画だ。スプリントゴールは最重要だ。開発者はスプリントゴールにコミットする。スプリントバッ

[†1]　訳注：(1) 開発チームがスプリントゴールを達成するために、私が昨日やったことは何か？　(2) 開発チームがスプリントゴールを達成するために、私が今日やることは何か？　(3) 私や開発チームがスプリントゴールを達成する上で、障害となる物を目撃したか？

クログにコミットする必要はない。スプリント中にフィーチャーを実装するもっと良いやり方が見つかったら、開発者はいつでも作業計画を変更してよい。予想したスコープを変更したほうがスプリントゴール達成の確率が上がる場合、チームはプロダクトオーナーに相談する。

　デイリースクラムは開発者のミーティングだ。プロダクトオーナーやスクラムマスターは参加してもよいか？　その答えは状況次第だ。未成熟のチームはスクラムマスターのガイドを必要とするかもしれない。ミーティングが扱う範囲を守り、タイムボックスを守らなければいけない。障害を実際に解消するための議論やスプリントゴールの達成に関係のない議論は、デイリースクラムに含まれない。未成熟のチームは、プロダクトオーナーのマイクロマネジメントに簡単に屈してしまう。チームが適切なレベルの信頼を得て成熟するまで、プロダクトオーナーの参加は待ってもらったほうがよいだろう。

　これまでのやり方と入れ替え可能な代替手段としてデイリースクラムをやっているチームが多すぎる。デイリースクラムは報告ミーティングではない。開発者がプロダクトオーナーやスクラムマスターと話したければ、いつでも話せる。ミーティングは必要ない。デイリースクラムは3つの質問へ答える会ではない。デイリースクラムはグループハグではない。チームはスプリントゴールを達成することで価値を届ける。それを実現するために、チームが毎日の進捗を把握し、自分たちのやり方を検査し、適応するのがデイリースクラムなのだ。

スプリントレビューは
50 フェーズゲートではない

デイブ・ウエスト
著者プロフィール p.247

　チームはスクラムを使って複雑な問題を解決する。仕事を小さなインクリメントに分割し、そのインクリメントを実現するための作業を行う。そのあとで結果を検査して、将来の仕事を変えたり、別のアウトカムを追求したりする。スクラムは、チームが学習したり知識と能力を向上したりする助けになる。作業して価値を届けながら、インクリメンタルに学んでいくのだ。これが経験的プロセスの肝だ。

　スクラムのリズムや流れは理解が容易だ。仕事はスプリントのなかで生まれる。スプリントゴールと作業がスプリントプランニングで計画され、スプリントのアウトカムのレビューがスプリントレビューで行われる。スプリントレビューでは、スプリントの目に見えるアウトプットであるプロダクトインクリメントに注目する。

　だが、多くの組織がスプリントレビューをフェーズゲートとして扱っている。その時点で作業が「承認」されるのだ。こんなことをすると、将来のアウトカムを向上させるような学習が制限されてしまい、スプリントレビューの価値が減ってしまう。スプリントレビューでいちばんよいのは、実際にプロダクトインクリメントを使う顧客に評価をしてもらうことだ。そうすれば、レビューは実データや実経験にもとづくものになる。ソフトウェアプロダクトであれば、顧客に使ってもらい、経験にもとづくデータやフィードバックを集めることを意味する。

　スプリントレビューをフェーズゲートとして扱うとこんなことが起こる。2つ紹介しよう。

1.　予期しない結果やうまくいかなかった結果をステークホルダーに隠してしまい、透明性が減る。スプリントレビューが、プロダクトインクリメントをリリースするかどうかをステークホルダーが決めるミーティングになっていて、スクラムチームがプロダクトインクリメントのリリースで評価されてしまうと、予期せぬニュースをステークホルダーに隠したくなる。これによって、チームとステークホルダーの会話が減るだけでなく、組織にとって有害な「ガラクタ」のリリースにつながる。

2.　本当の顧客やユーザーのフィードバック能力を削いでしまい、学習の価値が低下する。ユーザーがフィーチャーをどう使うかをみんな理解していると思っているが、実際に手にとって使ってもらうまで、それは単なる意見にすぎない。できる限り早期にユーザーにインクリメントを使ってもらうことで、フィードバックを

スプリントレビューで議論し、レビューの価値を向上できる。

　スプリントレビューを改善するには、スプリント内でチームがより速く学習するようにする。そして、スプリントレビューでは、学習した知見をステークホルダーに共有することに焦点を当てる。これによってスプリントレビューの価値が上がり、価値がすばやく顧客に届くようになる。承認や管理系のタスクはスプリント中に終わらせる単なる作業の一部になるようにすべきだ。プロダクトに求められる品質を完成の定義として文書化するのも、透明性を保証する素晴らしい方法だ。

　計画とレビューをリリース判断から切り離すことで、必要なときにリリースできるという柔軟性をチームは手に入れる。こうすることで集めた学びは、スプリントレビューとスプリントレトロスペクティブをより効果的にするインサイトを与えてくれる。頻繁なリリースによってリリースプロセスにプレッシャーがかかり、問題を洗い流して改善が進むようになる。

　スプリントレビューでは検査に集中することで、計画プロセスの焦点が学びの最大化にシフトする。できる限り速く価値を届けるよう変わるのだ。品質やガバナンス上の課題は、自動化、コラボレーション、チーム構成の変更のきっかけになる。つまり、継続的な学習プロセスになるのだ。スプリントは、透明なプロセスが持つ複雑さを減らすのに役立つリズムを提供してくれる。

51 スプリントレビューの目的は フィードバックの収集。以上

ラファエル・サバー
著者プロフィール p.240

　スプリントレビューが始まる。このスプリントの終わりも近い。開発チームとプロダクトオーナーは、クライアントやほかのステークホルダーにスプリントの成果を見せる。参加者はデモを見たあと、Q&Aでいくつか簡単な質問をしただけで、あまり口を開くこともなかった。レビューの終わりに、成果を承認し、拍手して解散した。レビューは終わった。まあ成功だろう。

　場合によっては、クライアントとほかのステークホルダーは成果を**承認せず**、拍手の代わりにぶつぶつ文句を言って去ることもあるだろう。レビューは失敗。

　そんなレビューに身に覚えはないだろうか？　もっと悪いのは、クライアントもステークホルダーもいないレビューだろうか。

　どちらの場合も同じ問題を抱えている。クライアントやステークホルダーが見たものを理解したかどうかをチームが知るすべはあっただろうか？　そもそもクライアントやステークホルダーは関心を持って見ていただろうか？　プロダクトがリリースされ、ニーズが満たされないことがわかっても、彼らは無関心のままなのだろうか？

　スクラムのスプリントレビューの目的は、スプリントの成果の公的な承認（もしくは否認）を得ることではない。オーケーをもらったり、契約に「承認」スタンプをもらったりすることよりも、もっと重要なことがあるのだ。実際、何かを受け渡したりするミーティングではない。スプリントレビューのゴールは、スプリントで作成したプロダクトインクリメントへの**フィードバック**を集めることだ。クライアントやステークホルダーが何を気に入ったか、何を気に入らなかったか、何が足りなかったか、何があったらうれしいかをチームとして知りたいのだ。次のスプリントで作るプロダクトを調整するために、チームはフィードバックを必要とする。フィーチャーを足す、削る、改造する。安定性を上げる。ピボットではないにしろ、必要ならもっと大胆に方向を変える。これは、開発チームとプロダクトオーナーの関心ごとなのだ。ゆえに、スプリントレビューでクライアントやステークホルダーにフィードバックを促すのはプロとしての義務だ。デモを見せるためだけに呼ぶのではなく、プロダクトを使ってもらって、実際に使っているところをチームで観察しよう。もっと質問してよいのだといつも伝えよう。ほかにもっと良いやり方はないか？と尋ねて、彼らの創造性を爆発させよう。

　クライアントやステークホルダーがぶつぶつ文句を言ってきたり、あれこれ間違ってい

ると指摘をしてきたりしたらどうすればよいだろうか？　防御モードに入りたくなるが、ちょっと我慢しよう。喜ぶべきことだ。ものすごく重要なフィードバックだ。プロダクトを改善できる重要な情報が手に入ったのだ。プロダクトをちょっとずつ作り、ちょっとずつ進化させ、しょっちゅうレビューするのはこのためなのだ。そしてしょっちゅうリリースする。これが最高のリスク低減戦略だ。そうだろう？

　「結果を承認いただけますか」という質問はやめよう。そして、「さぁ、みなさんの番です！みなさんのニーズを確実に満たすためには、今から見せるプロダクトのどこを変えたらいいでしょう？　何を足したらいいでしょう？」と尋ねよう。そうすればスプリントレビューの参加者みんながレビューの目的を理解しやすくなる。

52 デモだけでは不十分だ……。デプロイしてもっと良いフィードバックを得よう

サンジェイ・サイニ
著者プロフィール p.247

　かなり昔、製造業の顧客向けにスクラムを活用しているチームと働いていた。マテリアルハンドリング[†1]で使うソフトウェアに取り組んでいたのだ。そのソフトウェアは牽引車のオペレーターのタブレットにデプロイされるものだった。その人たちの仕事はバーコードがついたハードウェアの材料をある棚から別の棚に移すというものだった。それをしつつ、材料が新しく配置された場所や、移動した材料の詳細を更新しなければいけないのだ。このシステムは完全にタッピングだけで操作するもので、マウスや外付けキーボードはないものだった。

　チームは初期の要求一式にもとづいて開発を始めた。ユーザーにすぐにワイヤーフレームを提示し、了承を得た。スプリントレビューは素晴らしかったし、顧客やユーザーを招いた追加の中間デモのセッションもうまくいった。次のスプリントに取り入れられそうな重要なフィードバックももらった。全部が全部うまくいっていて、進捗も順調だった。販売のフロアマネージャーも含め、関係する全員がとてもワクワクしていた。そして、ソフトウェアをタブレットにデプロイして、牽引車のオペレーターが使えるようになる日がやってきた。

　驚いたことに、新しく作ったこのすごいソフトウェアをオペレーターは操作できないことがすぐに判明した。技術的にも高品質で、チームが繰り返しレビューしていたにも関わらずである。だが、全員が見落としていた事実があった。保安基準により、オペレーターは特定の手袋を着用する必要があったのだ。残念なことに、実際のタブレットにソフトウェアをデプロイして初めて、ボタンが小さすぎるとわかったのである。手袋をつけたまま必要なボタンを選んで押すのは不可能だった。私たちは古いソフトウェアにロールバックして、すべての画面の再設計を始めた。開発チームとのこれまでの議論では、このことを持ち出した人は誰もいなかった。

　これはかなり昔に製造業の現場にいたときの話だが、私に大きな教訓を残してくれた。それ以来、どんな環境かは関係なく、どのプロジェクトでもこのことを忘れないようにしている。

　スプリントレビューのなかでもそれ以外でも、ソフトウェアをデモすること自体は、早期かつ頻繁にフィードバックを得るための良いプラクティスだ。だが、これは本当のユー

[†1]　訳注：生産拠点や物流拠点で原材料や完成品を移動させる業務のこと

ザーに実際に使ってもらうことで得られる情報には代えられない。スプリントレビューで、顧客やユーザーではなく、チームかプロダクトオーナーがソフトウェアを使ったり操作したりしているのを多く見かける。だが、チームやプロダクトオーナーが見せたいものをデモするだけでは、それが顧客が見たいことや知りたいことである保証がない。スプリントレビューで、チームがコントロールする安全な環境のなかで、動作するソフトウェアを見せているだけということが多いのだ。

　私がスクラム実践者にお願いしたいのは、コントロールを顧客やエンドユーザーに渡すことである。彼らにプロダクトを触ってもらって、フィードバックを得よう。これがいちばんうまくできるのは実際のエンドユーザーの環境か、それを模した環境だ。

スプリントレトロスペクティブは 53 構造化しよう

ステフアン・バーチャック
著者プロフィール p.237

　スクラムフレームワークのいたるところで「検査と適応」が見られる。つまりスクラムにおけるすべてのイベントは、検査と適応のプロセスの役目を果たしている。そのうち2つのイベントが明確なフィードバックのポイントとなる。まずスプリントレビューだ。チームはプロダクトの成果を「検査」し、計画（プロダクトバックログ）を適応させる。それからスプリントレトロスペクティブだ。ここではチームが自分たちのプロセスを検査し、次のスプリントで適応させる。スクラムイベントのなかでもスプリントレトロスペクティブは軽視されがちで、低く評価されがちだ。そのため、省略されたり、短縮されたり、最良のフィードバックが得られないような形で運営されたりすることも多い。だが皮肉なことに、時間を費やすのがいちばん有効なイベントが何かといえば、それがスプリントレトロスペクティブだ。うまく運営できていればだが。

　私は短くて構造化されていないレトロスペクティブに何度も参加してきた。だが、これで有意義な成果を得られることはまずない。価値あるレトロスペクティブとは、チームの課題や成功を捉え、チームが実行可能なプロセス改善のアクションを生むものである。そのためには、チームの全員が参加しやすく、最初に挙がった意見ではなく、より重要だと思うものについて話せるように、参加者が話題を選別できる場が必要だ。

　効果的なレトロスペクティブには構造があり、ファシリテーターがいる。私は、エスター・ダービーとダイアナ・ラーセンによる書籍『アジャイルレトロスペクティブズ』（オーム社、2007）[†1]で紹介されている5つのパートからなるフレームワークが好きだ。5つのパートはそれぞれ、場の設定、データの収集、アイデア出し、何をすべきかの決定、終了である。このフレームワークを使えば、きれいな構造が手に入る。それは、人が安心して積極的に参加できる環境、そして、議論が現実の問題の解決を導く実行可能なアイテムにつながる環境を作り出してくれる。

　ほかの方法も有効だが、効果的なスプリントレトロスペクティブのカギとなる3つの要素は、参加意識と安心感を高める方法、アイデアを抽出して優先順位をつける方法、具体的なアクションアイテムだ。最後に「感謝」を表すのも好きだ。そうすることで、みんなそれぞれに価値があるのだとチームが理解できる。

　非難するのではなく、参加を促し、改善への集中を強調するようなやり方でいつも始め

† 1　原著『Agile Retrospectives』（Pragmatic Bookshelf、2006）

るようにしておけば、難しい課題でも安心して挙げられるようになる。グループで単に合議的なおしゃべりをするのでは不十分だ。懸念事項を集めて関連するものをグループ化し、何を議論するべきか決めるために構造化された技法に従おう。そうすれば、対処が必要な最重要課題に確実に対処できるようになる。具体的で実行可能なアクションアイテムは、チーム（とそのマネージャー）がスプリントレトロスペクティブに費やした時間の価値を確実に理解できるようになるいちばんの方法だ。

　とりわけ納品のようなほかの作業に比べれば、フィードバックを得ることやプロセスの変更計画を策定することは簡単だ、と考えるマネージャーやエンジニアは多い。レトロスペクティブが有意義で、すぐに実施できるような変化を生み出すものなのだと信頼してもらうのは難しい。良いレトロスペクティブは単に「最近どう？」と聞いたり、みんなのガス抜きをしたり、次のスプリントにさっさと向かわせたりするよりも難しい。構造を持つことは、チームが集中し生産性を高めるのに役立つ。良いレトロスペクティブの習慣が定着するには時間がかかる。毎スプリントの終わりにレトロスペクティブを実施して、チーム（とそのマネージャー）が自分たちには価値があるのだと理解できるよう、何スプリントかはあなたのコミットが必要だ。そうすることで、初めてレトロスペクティブは、単にやってもよいものではなく、なくてはならないものなのだと見なされるようになるのだ。

いちばん大事なことは
54 思っているのと違う

ボブ・ハートマン
著者プロフィール p.247

　うまくいかないスクラムを表現する言葉やフレーズはたくさんある。**スクラムバット**は、スクラムの初期から知られていた。**ダークスクラム**というのもある。**スクラムフォール**、**ウォータースクラムフォール**、**ワジャイル**[†1]なんていうのを使う人もいる。問題は多様だが、結果は似通っている。スクラムを効果的に使えば達成できたであろう成果を組織は成し遂げられない。「成功しないのは正しくやれていないからだ」とアジャイルコーチは言うだろう。それはそのとおりとして、どうすればよいだろうか？

　私の経験では、スクラムで成功する能力を改善するカギが1つある。当たり前のことだが、まったくやれていない組織がほとんどだ。スクラムは、経験的プロセス制御にもとづく透明性、検査、適応のフィードバックループとして設計されている。スクラムに含まれることは、すべてこの経験主義の3本の柱にもとづいて進化する。スクラムで成功するためにいちばん重要なのは、この3つの柱に常に注意を払い続けることだ。チームは、プロダクトオーナー、ステークホルダー、顧客に対して本当の透明性を確保できているだろうか？　**作成物**と**開発方法**の検査は、全員正直にできているだろうか？　検査の結果にもとづき、プロダクトバックログや仕事のやり方を適応させているだろうか？　1つもできていないチームをよく見かける。スクラムガイドが、スクラムはシンプルだが簡単ではないと書いているのはそういうことだ。

　「どうすればいい？」は素晴らしい質問で、答える価値がある。私の認定スクラムマスターワークショップは、問題とソリューションに関わる演習から始まる。この演習で、スクラムでいちばん重要なのは、価値あるスプリントレトロスペクティブを実施することであると示す。つまり、スプリントレトロスペクティブを使って継続的に改善しなければいけないのだ。継続的改善のためにスプリントレトロスペクティブを使えなければ、適応はできず、スクラムのすべてのメリットを享受できない。継続的改善のための適応がスクラムに不可欠な要素であることを見落としている組織は多い。スクラムは、学習と改善のフレームワークだ。修正すべき問題を見つけ出すように設計されている。3つの柱のどれを無視しても壊滅的な結果を招く。私の経験上、うまくやればいちばん価値があるのに、いちばん見落とされているのは、適応の柱だ。

　ほかの2本の柱も見ておこう。透明性と検査にも問題を抱えることがある。「プロジェク

---

†1　訳注：Waterfall の W と Agile を組み合わせて WAgile。日本でこう呼ばれているのを聞いたことはない

トの中間地点だが、何%完成している?」と誰かが尋ねたとしよう。たぶん「50%!」と返ってくる。だがこれは、恐怖にもとづく反応で、真実であることはほとんどない。この傾向を打破するには、偏った判断をしない環境を育む必要がある。私たちは全員共にあるので、オープンになることを促し、個々の結果を批判しない環境が必要なのだ。

検査については、適切な人がするよう覚えておかなければいけない。スタンディッシュグループのCHAOSレポートでは、ユーザー、顧客、ステークホルダーの参加がプロジェクトの成功のカギだと繰り返し伝えている。

あらゆるチームは、透明性を向上する方法、検査能力を向上する方法を常に問い、適応を恐れないようにしなければいけない。それには、まずスプリントレトロスペクティブを効果的に使うことだ。

第VI部
マスタリーは重要

55 スクラムマスターの役割を理解する

ルイス・コンサウヴェス
著者プロフィール p.247

　スクラムマスターは、プロダクトオーナー、開発チーム、スクラムマスターで構成されるスクラムチームの灯台のようなものだ。スクラムマスターは、スクラムフレームワークの教えにもとづいてチームにガイダンスを提供する。

　スクラムマスターは3つのグループを支援する責任がある。プロダクトオーナー、開発チーム、組織だ。

　そのため、スクラムマスターの役割には3つの上位概念が含まれる。

1. チェンジエージェントとしてのスクラムマスター

　スクラムマスターはどの組織でも重要な役割である。スクラムマスターはチームの日々の進み方を深く理解している。

　スクラムマスターはスプリントレトロスペクティブのファシリテーターを務め、それによって状況や繰り返し起こる問題を明らかにする。

　問題を知ることは変化を起こす1歩にすぎないが、スクラムマスターはチームの改善を助ける上で組織に必要な変化を知っている。スクラムマスターは障害ボードなどのさまざまな問題解決ツールを使って、組織の本質的な変化を提案する立場にある。

2. サーバントリーダーとしてのスクラムマスター

　スクラムガイドでは、スクラムマスターは**サーバントリーダー**だと定義している。サーバントリーダーであることには、他人を意思決定に巻き込むこと、倫理観と思いやりのある行動を取ること、組織を改善しつつチームの成長を支援することが含まれる。

3. 鏡としてのスクラムマスター

　スクラムマスターがチームの「鏡」のようにふるまうのが重要だ。スクラムマスターの助けを借りて、チームは自分たちがスクラムとアジャイルの価値を体現しているか確認する。

　鏡に映った自分たちの姿を見ることで、チームメンバーはスクラムマスターからの質問を通して、チームの全体的な改善を自ら考えられるようになる。

スクラムマスターが効果を発揮するには以下の項目が役に立つはずだ。定期的にやると役立つものもあるし、スクラムマスターとして初めの数週間に取り組めるものもある。

- チームメンバーとの1 on 1を設定して、チームや会社に関する最大の懸念についての情報を集める
- 全員の役割、義務、期待値を明らかにするのに役立つワークショップを開催する
- チームとの仕事で得たことを共有するコーチング同盟を作る
- ステークホルダーマッピングをやって、組織のなかでチームの仕事に強い関わりのある人たちを明らかにする
- 基本的なマナーを守るためのチームポリシーを導入する
- 1日のチームビルディングワークショップを開催して、チームワーク、チームの原則と価値を確立し、プロダクトビジョンを明らかにする
- 達成の壁を作ってチームが成し遂げたことを祝い、さらなる達成のモチベーションを与える
- 感謝の壁を作ってチームメンバーがお互いに対する感謝を表明できるようにする
- 組織であなたが取り組んでいる障害を見える化する障害ボードを作り、場合によってはチームに助けを求める
- 社内でチーム横断的な学習の機運を強化するための枠組みとして、実践のコミュニティを作る

「自分」ではなく「スクラムマスター」
56 が大事なのだと気づくまで

ライアン・リプリー
著者プロフィール p.248

　スクラムマスターの役割を引き受けるときに必ず直面する厳しい現実がある。それは「自分」が重要なわけではないということだ。

　これに気づいたことで、1年以上かけてプロジェクトマネージャーからスクラムマスターに変わっていくあいだ、私は何も眠れぬ夜を過ごした。プロジェクトマネージャーとして私はかつて注目の的だった。チームにゴールテープを切らせるための計画もあった。運営委員会にプレゼンテーションもした。動作するソフトウェアのデモを行い質問をさばく担当で、自分が仕様や技術面で詳細を知らない場合は、開発者に助けを求めたこともあった。予算の問題を抱えてる人がいれば、それにも対処した。

　スクラムマスターとしての経験から学んだのは、自分自身が変わる必要があるということだ。実際、私自身がじわじわと変わった（自己満足とストレスレベルの改善のためではあるが）。

　プロダクトオーナーは、プロダクトの戦略的、戦術的、金銭的方向性を定めることにおいて、完全な権限を与えられている。開発チームはデリバリーと品質について説明責任を持つ。**誰も、スクラムマスターでさえ、どんな仕事のやり方が最善なのかを開発チームに教えることはできない。**私がどうやってここに書いたようなやり方を始めたのかに気づくと、ステークホルダーたちは私に電話をよこすのをやめ、必ずスプリントレビューという協調的なイベントの時間にプロダクトオーナーか開発チームのところに直接出向いて質問をするようになった。

　今になって思えばいかに私が**サーバントリーダー**になる必要があったのか実感している。ここで紹介するのは、私がわかりやすいと思ったサーバントリーダーの尺度だ。

- スクラムチームの成功は自分個人の業績よりもはるかに重要だ
- サーバントリーダーは、他人が努力して目標を達成したか、成長したかといった点で評価される
- サーバントリーダーになることを選択した人は、そうするように言われたからではなく、触発されたからそうしているのだ

　スクラムマスターがサーバントリーダーとして行き詰まると、こんなアンチパターンが

現れる。

実験する力量がない
　　チームの課題をすべてスクラムマスターが「解決」してしまうと、スクラムチームは実験のやり方を学ぶことができず、自己組織化を実践する大きな機会を失う。

スクラムチームのメンバーがいなくなる
　　スクラムマスターがプロジェクトマネージャーとしてふるまうと、無気力が生まれる。当事者意識が薄れたチームはチーム内の知識がサイロ化し、本当のワンチームではなく、貢献者個人の集団になってしまう。

チーム全体という概念が損なわれる
　　スクラムチームのメンバー全員がプロダクトの共同所有者だ。スクラムマスターという英雄がすべての問題を解決していたら、スクラムチームはこの英雄の行動に依存するようになってしまう。課題や障害を解決するために他人をコーチングすることで、チームは成長し成熟し共に成功を見出せるようになっていく。

　スクラムマスターの役割は複雑だ。サーバントリーダーとしてふるまえば、素晴らしいことが起きる可能性がある。もし行き詰まればアンチパターンが生まれ、チームの精神は損なわれる。サーバントリーダーシップを完全に受け入れたプロのスクラムマスターになるには、以下の3つが不可欠だと私は考えている。

- チームに奉仕したいという純粋な思いを持ってあなたのチームを愛すること
- チームとしてどのように大成功を収めたいのかを共有すること
- チームの大成功を阻むいかなる違反も許さないようにすること

　サーバントリーダーシップの道のどこを歩んでいるのか考えてみよう。どれか1つでもうまくできているだろうか？　そう、スクラムマスターとしての「自分」が大事なのではないと気づく人間が、世界にはもっと必要なのだ。

57 サーバントリーダーシップは まず自分から

ボブ・ガレン
著者プロフィール p.248

スクラムガイドからスクラムマスターについての記述をちょっと引用してみよう。

> スクラムマスターは、スクラムチームのサーバントリーダーである。
> スクラムマスターは、さまざまな形でプロダクトオーナーを支援する。
> スクラムマスターは、さまざまな形で開発チームを支援する。
> スクラムマスターは、さまざまな形で組織を支援する。

支援がスクラムマスターの役割の基本部分であることは明確だ。ただし、支援にフォーカスして見ていると、重要な部分が抜け落ちる気がする。そして、私はそこが重要だと思うのだ。

アジャイルリーダーシップとはインサイドアウトの仕事だ。リーダーは自分から始め、自分を支援し、自分の強み、ニーズ、ゴールを検証し、アジャイルの原則とスクラムの価値に沿った形にしていく。自分自身のDNAや骨に深く刻みこむことができれば、有効なアジャイルリーダーになるための適切なマインドセットを持てたことになるだろう。

スクラムマスターも同じだ。ほかの人たちを支援することに集中しすぎるあまり、自分自身を忘れてしまうのだ。

自分を支援するためにできる例をいくつか示そう。

自分の**好奇心**を満たす余裕や機会を作る。理解を改善する質問をするため、いろいろなことを試すため、視野を広げて可能性を広げるためだ。何かを見つけても、すぐに何かしなければいけないわけではない。見つけたものをちょっと楽しめばよい。

自分自身を**更新**できる余裕を作る。改めて見てみよう。さまざまな理由があるが、この役割はものすごく難しい。チームはスクラムでのやり方を見つけるために本当に苦しんでいるかもしれない。組織から、チームを4つも「割り当て」られているかもしれない。罪悪感なくリラックスできる十分な時間が必要だ。十分に睡眠をとり、パートナーと一緒に十分に休暇をとる必要もある。

支援を求めるようにする。チームに課題を抱えている人がいたら、ほかのスクラムマスターやリーダー、コーチに支援を求める。そうすることに危険を感じることはない。何か知らないことがあったら、「知らない」と勇気を持って（安全に）言おう。ペアになって教え、

成長を助けてくれるロールモデルやメンターを見つけるのだ。

　自分自身が役割から**離れられる**ようにする。今起こっている状況を離れて観察する。問題があってもすぐ対応せず、誰かが対応するのを見守るためだ。何が起こるかを見守るためだ。支援や行動することが常に義務であるとは感じないようにするためだ。代わりに、ほかの人がスクラムマスターやスクラムの実践者になる機会を作れる。

　自分のために**静かな場所**を探す。静寂も必要だからだ。ちょっと離れてみるために、日中に散歩をするのもありだ。静かに本を読める午後の時間があれば、新しいアイデアや役割の成長についてのインスピレーションが得られるかもしれない。チームの効果が一段上がるようなビジョンを見つけられるかもしれない。

　スクラムマスターの重要なメンタルモデルは、サーバントリーダーシップのものだと信じている。そこで必須なのは、まず自分自身を支援することだ。スクラムマスターが心から自分を支援できれば、より一体感がありバランスの取れたスクラムチームのメンバーになれるだろう。

58 タッチラインの宮廷道化師

マーカス・ライトナー
著者プロフィール p.244

　サーバントリーダーシップ、なかでもスクラムマスターの役割は一般的にかなり過小評価されている。というのも、この新しいリーダーシップの形態は間接的なものだからだ。彼らは協力関係がうまくいく条件を育む。これはあたかも庭師のようなものだ。スクラムマスターは試合中のサッカーコーチのようにタッチラインに立っているが、そこで生み出される価値は簡単に見逃されてしまう。遅かれ早かれ、スクラムマスターは「実際」の作業を割り当てられる。だが、これはサッカーのコーチにフィールドでの役割を期待するようなものだ。そして、自分たちが持つ説明責任の認識が不十分なスクラムマスターや、衝突を避けたいスクラムマスターは、これを受け入れてしまう。そうして、全体に関わる長期にわたる重要な作業や、組織の継続的改善が置き去りにされる。だが、みんな「実際」の仕事で忙しいので、誰もこのことに気づかない。

　こんな経験はないだろうか？　スクラムマスターがなんでも屋かのように酷使されてはいないだろうか？　結局、スクラムマスターはチームやプロダクトオーナーを「助ける」こととされている。スクラムガイドにそう書いてある。確かに、チームのなかで少しだけ働いたり、報告やドキュメントといった厄介なプロジェクトマネジメント関連のタスクを引き受けたりすることも含まれている。

　だが、仮にそうだとして、それが役に立つのだろうか？

　スクラムマスターは障害に対処することになっている。スクラムガイドにも、「開発チームの進捗を妨げるものを排除する」と書かれている。そして、スクラムマスターは、チーム、プロダクトオーナー、組織に奉仕するものである。実際にスクラムガイドでは、スクラムマスターとは自己解決を助ける**サーバントリーダー**であると明記されている。

　開発チームが状況報告に煩わされているというのは、私たちがよく遭遇する障害の例だ。これはスクラムマスターが取り組むべき障害ではあるが、スクラムマスターが身を削って、その報告作業をチームから引き継いだところで、実際の機能不全は解決しない。本当にしなければいけないのは、報告がチームの速度を落とすこと、開発作業に価値をもたらさないことを示し、報告を求める人と一緒に、彼らの本当の（できれば正当な）関心を満たす良い方法を見つけることなのだ。

　経験の浅いスクラムマスターは、自分たちへの要求がスクラムマスターとしての説明責任と一致していないことを指摘するのを恐れる。期待を裏切るのは決して簡単ではなく、

特にスクラムマスターが、チームを失望させたり責任を回避したりすることで非難される場合にはなおさらだ。スクラムマスターの多くはこういう経験をすることなく、いつも急いで対処しなければいけないような状況に押し込まれることを多かれ少なかれ喜んでいるのだ。だが、こうしていると、スクラムマスターは一見緊急ではないが全体において長期的に重要となる仕事を見失ってしまう。

スクラムマスターの仕事は人気を求めて衝突を避けるようなものではない。役に立たない組織的な慣習や、組織とチームのあいだのやりとりに疑問を投げかけて対処することが期待されているのだ。現代の宮廷道化師のように、全体を扱うスクラムマスターは、正しい視点と必要な独立性があって初めて成功できる。これこそが、スクラムマスターがタッチラインにいなければいけない理由だ。

世界中のスクラムマスターが、「実際」の仕事に取り組むように言われたり、そうする誘惑に駆られたりしたときは、このことを思い出してほしい。

59 コーチとしてのスクラムマスター

ジェフ・ワッツ
著者プロフィール p.248

　コーチングはずっと、スクラムマスターの役割の一部だった。自己組織化したチームの
サーバントリーダーシップが、ずっとスクラムの一部だからだ。だが、2001年にスクラム
が注目を集め始めた頃、「コーチング」の意味を理解している人は少なかった。

　これだけスクラムマスターの名前が知られるようになった今でも、スクラムマスターと
いう役割のコーチングの側面については、理解が混乱しているし、一貫性のないところが
ある。

　スクラムやスクラム関係のコーチングと特に関連はないが、トップのプロフェッショ
ナルコーチング団体である国際コーチ連盟（ICF）では、コーチング（https://oreil.ly/
qRiNn）を以下のように定義している。

> コーチングとは、思考を刺激する創造的なプロセスを通して、クライアントが自身の
> 可能性を公私において最大化させるように、コーチとクライアントのパートナー関係
> を築くことです。

　ICFはこう続ける。「コーチングのプロセスに、アドバイス提供やカウンセリングは含み
ません。代わりに、個人またはグループ自身の目的の設定および達成にフォーカスします」

　私はこの定義が重要だと思う。私は有能なスクラムマスターになるために、プロフェッ
ショナルコーチの道を歩んだからだ。同じような道をたどった素晴らしいスクラムマスター
も多い。

　私は、コーチはクライアントが自立できるように積極的に働くべきだと強く信じている。
偉大なコーチは、クライアントを自分のサービスに依存させたりしない。同じように、私
の『Scrum Mastery』（Inspect & Adapt Ltd、2013）では、スクラムマスターへの最も基
本的なアドバイスをこう書いた。

1.　チームに聞け
2.　自分自身を不要にせよ

　スクラムは、チームや組織が複雑性を扱うのを助けるよう設計されている。複雑な仕事

では、何をすべきか、どうやるのがベストかという予測が難しく、絶えず速い変化が起こる。自律が必要なのだ。意思決定が経営責任のチェーンをたどって上まで行き、また下まで降りてくるまで待つ時間はない。

　そのような仕事では、実際に仕事をしている人よりも指揮系統のトップのほうが仕事を知っているなどあり得ない。実際、彼らが知っていることは、仕事をしているチームの集合知には及ばないと見てほぼ間違いない。

　それゆえ、マネジメントの仕事はサーバントリーダーシップになるのだ。マネジメントは環境を作らなければいけない。仕事を完成させるスキルのある人が自信を持って必要な判断を下し、解決方法を見つけるための実験を行える環境だ。

　それはコーチングを通じて実現される。彼らが自分で考え抜いて判断を下せるように、チームと、それぞれのメンバーに質問をすることだ。私の『Product Mastery』（Inspect & Adapt Ltd、2017）では、子供がする質問について書いた。本当の好奇心と謙遜を示す質問、チームの状況を明らかにする質問、制約だと考えている前提条件を崩すような限りない質問、やっていることの本質を突く直接的な質問などだ。

　チームにコーチとして接することのできるスクラムマスターは、この複雑で変化が速く予測不可能な仕事の世界で生き抜いていけるだろう。

テクニカルコーチとしての
60 スクラムマスター

バス・ヴォッデ
著者プロフィール p.243

　私が出会った最高のスクラムマスターたちは、時間の一部をチームへのテクニカルコーチングに使っていた。だが残念なことに、ほとんどのスクラムマスターはそうしてはいない。私が思うに、これは機会損失だ。自分のチームへのテクニカルコーチングに時間を使うことで、とても**チーム**の助けになるし、スクラムマスターとしての責任を果たす上で役に立つのだ。

　スクラムマスターはテクニカルコーチングをしても構わない（もしくは、すべきだ）と提案すると、驚かれることが多い。おかしな話だ！　テクニカルコーチングはスクラムガイドには書かれていないが、それはスクラムガイドが技術的な仕事にもそれ以外の仕事にも適用できるように書かれているからだ。そのため、テクニカルコーチングは単に「価値の高いプロダウトを作れるように開発チームを支援する」と書かれている。残念である。だが、マイケル・ジェームズのスクラムマスターチェックリスト（https://oreil.ly/1J1io）などの素晴らしい資料では、テクニカルコーチングに明示的に言及している。チェックリストでは、スクラムマスターが注力すべき4つの領域のうちの1つは、「自分たちのエンジニアリングプラクティスはどうなっているか？」になっている。

　スクラムマスターがテクニカルコーチングをすると3つの重要なメリットが得られる。

- チームの開発プラクティスが改善される
- チームが実際に直面している現実の問題を経験できる。それによって、チーム、プロダクトオーナー、組織的な改善作業のどこに焦点を当てるのかを決めるのに役立つ
- 自分の技術スキルを最新に保てる

　スクラムマスターがテクニカルコーチングをする方法はとてもたくさんある。私がスクラムマスターをしてたときにやった例をいくつか紹介しよう。

- チームメンバーとペアを組む（いちばん有名なやり方だ）。デイリースクラムでペアを組もうと言えばよいだけだ
- 自分のPCでもビルドしたりテストを走らせたりできるようにする

- テストやコードをちょっとリファクタリングして、チームにそれを共有するセッションを開く
- ちょっとしたユニットテストや受け入れテストを書いてみる
- アジャイルの技術プラクティスに関する勉強会を開催する。そこで、チームのコードを例として使う

　設計の意思決定に関わりすぎてしまうのはリスクが大きい。そうなると、チームがあなたを頼ってしまうようになるからだ。以下のようにして、そうならないようにしよう。

- スプリントであなたの開発時間を計画に入れない
- スプリントバックログのタスクを取らない
- 意思決定を避ける。意見を求められたら、選択肢を提示して、チームの決定であることを忘れないようにさせる

　開発の経験があれば、スクラムマスターとしての仕事にテクニカルコーチングを加えるのはそう難しくないはずだ。優先順位をつけて計画すればよいからだ。これに集中する時間を週に1〜2日とっておくように計画する手もあるだろう。コンテキストの切り替えは大変なので、スクラムマスターとしての活動を制限して、テクニカルコーチングに集中するスプリントを作る手もある。
　開発経験がないなら、もっと努力が必要になる。チームのスクラムマスターとして活動しながら、開発の基礎やアジャイルでの開発プラクティスの目的を学習することも可能だ。チームに助けを求めてもよい。チームに、「開発スキルを身に付けたいので、助けてくれないか」と言ってみよう。一緒に計画を立てて、時間をとって学習しよう。ペア作業に多くの時間を使ってみよう。その場合は、**質問のしすぎ**に注意が必要だ。でないと相手の速度が落ちてしまって、迷惑をかけるからだ。
　スクラムマスターとしてのテクニカルコーチングの成功を祈る。私もそうだったが、やりがいがあるはずだ。

スクラムマスターは
61 障害ハンターではない

デレク・デヴィッドソン
著者プロフィール p.249

アジャイル界隈で20年働いてきて、スクラムマスターの役割のおもしろい捉え方を何度か経験したことがある。その1つは、開発チームのメンバーがほかのメンバーにとって「障害」になった場合などに、スクラムマスターはそのメンバーを開発チームから外すべきだというものだ。

これがおかしいと思うのはあなただけではない。ちょっと調べてみたところ、スクラムマスターのこの手のふるまいを正当化するものとして次のような考えがあるのがわかった。

パフォーマンスの低いチームメンバーによる問題が長期間継続している開発チームには問題がある。開発チームが問題を自分たちで解決できない場合、スクラムではスクラムマスターがそれを取り除くことを求めている。したがって、スクラムマスターはスクラムチームからメンバーを外すことができる。

理論上はこう考えるのもおかしくない。スクラムガイドに書かれていることに沿っているからだ。だが、これはスクラムが「コマンドコントロール」をごまかすために使われていて、スクラムの精神とは反しているように見える。

スクラムガイドを読んで目に入るのは、「スクラムマスターは開発チームを支援する」という項目のところだ。そこには、「自己組織化・機能横断的な開発チームをコーチする」と書かれている。

「開発者を外す」というシナリオでどう開発チームをコーチするか考える場合、私であれば、専門家の助けを求めることを提案する。職場の心理カウンセラーやコーチに助けを求めることを検討してはどうだろうか？　スキルを共有できる人がいれば開発チームが自分たちで対応できるようになるのと同じで、スクラムマスターも学習できるのだ。

最初の話に戻ると、これは非常に例外的なシナリオにおいて危険な前例を作ってしまったことを意味する。スクラムマスターがスクラムで何かをする権限を持ったという前例だ。スクラムマスターは問題を障害だと決めつけて、開発チームは自分たちでは解決できないという見解を述べて、自分の思うような行動をしてしまっているだけだ。

- 「完成」の定義に合意できない？　障害だ！　代わりに自分が作っておいた
- 見積りに合意できない？　障害だ！　見積りはこれだ

さまざまなアプローチがいずれもスクラムガイドに沿ったものである場合、あなたはどうするだろうか？幸いにも、私たちはスクラムガイドの著者に直接聞くこともできる。最後にケン・シュエイバーの言葉（https://oreil.ly/bBz2-）を紹介しておこう。

　　スクラムマスターはコーチしたり、教えたり、学習できる状況を作ったり、哲学的な会話をしたり、親代わりになったりできる。だが、スクラムチームのメンバーを管理する権限はない。

62 障害の分析学

ラン・ラゲスティー
著者プロフィール p.244

　スクラムガイドには、スクラムマスターにはチームの障害を取り除く責任があると書かれている。だが、**障害**とは何だろうか。辞書の定義では、何かをやる邪魔になるものと書かれている。スクラムの視点で「何かをやる」とは、**フローとアジリティのエコシステム**のなかで、**価値のあるアウトカムを作って届ける能力**のことだ。

流れを制限するもの、システムのプルを制約するもの

　スクラムチームの成功は、顧客のニーズを適切かつ頻繁に満たすことができたかどうかで計測される。障害という包括的な表現は、チームが顧客に最小の**摩擦**で奉仕するのを妨げるものすべてという意味だ。摩擦はいろいろな形、サイズで現れる。

- 不要な承認ゲートや防衛的なプロセス。テストチームやガバナンス委員会への受け渡しなどは**プロセスの障害**の例で、信頼のない環境で特徴的だ
- リーダーシップへの判断のエスカレーションやステータスレポートは**レガシーな障害**の例で、アジリティを完全には受け入れられていない組織に特徴的だ
- クラフトマンシップの欠如や判断できないプロダクトオーナーは**能力の障害**の例で、説明責任を持たないチームにありがちだ

　摩擦となる障害は、品質やリーダーのふるまいなどあまり触れたくない内容になるので、無視されることが多い。解決すべき課題は、現状維持の快適さだ。あなたはこれを変えていくのである。

創造的な衝突の範囲を超えるチーム内の緊張を生み出すもの

　摩擦となる障害はチームを遅くするが、緊張を生む障害はチームにブレーキをかける。個人の性格や仕事のやり方についての衝突があり、チームが自分で衝突を解決できる能力を持たない場合、緊張を生む障害が現れる。

　このような障害は、チームに自己認識で苦しんでいる人がいたり、古い習慣を打ち破ろうとする人がいたりすることを示している。ほかのメンバーは、「ずっとこうやってきたんだから」と言ったり、完全に無視したりしようとしがちだ。

緊張を生む障害は、放っておくとチームの機能不全や燃え尽きにつながる。小さなヒビが関係性を完全に壊す前に、早いうちに介入したほうがよい。

チームの自己治癒を妨げるもの

　自己治癒を妨げる障害によって、チームが現状を打破できなくなる。認知し、学習し、対応する能力がなければ、チームはストレスから回復できない。

　レトロスペクティブで、チームが障害に取り組む余地を提供できなければ、チームが力を失い、古い習慣やふるまいに戻ってしまうのは時間の問題だ。スクラムマスターかコーチは、オープンな対話によって、摩擦を生む障害やレガシーな障害に取り組む安全な環境をチームに提供しなければいけない。

　結局、どんな障害にも物語があって、チームや組織で壊れてしまっている何かに端を発している。障害のリストを眺めてみると今の組織文化の現状が見えてくることも多い。

　だが、障害は単なるリストではない。それぞれの障害が何を語るかを注意深く聞き、研究、探求しよう。そして、勇気と熱意を持って解決に取り組もう。チームの健康はあなた次第だ。

63 スクラムマスターのいちばん大事な ツール

ステファニー・オッカーマン
著者プロフィール p.249

　スクラムマスターやプロフェッショナルスクラムトレーナーのキャリアを通じて、**透明性**はとても役に立つのに過小評価されがちなツールであることがわかった。何をなぜ作るのか、どうやって作るのか、どうやってゴールに向けて進むのか。スクラムチームや組織がこのような難問を扱うときに、透明性から多くの利点を得られる。十分な透明性がないと、あらゆる検査と適応の効果は不十分となり、望ましいアウトカムを達成できない。スクラムマスターは透明性の幅と深さを高めることに焦点を当てることで、効果的な自己組織化、チームのオーナーシップ、より良い問題解決を可能にする。私は、透明性こそがスクラムマスターにとっていちばん大事なツールだと信じている。

　透明性とは単に情報を追跡してアクセス可能にしたり見える化したりするだけではない。スクラムボードがあるだけでは、スクラムチームの進捗は透明にはならない。プロダクトバックログをステークホルダーに見えるようにするだけでは、プロダクトの価値を最大化するための計画は透明にはならない。透明性にとって本当に大事なのは、適切な相手と十分な頻度で質の高い会話をすることだ。これによって共通理解が生まれる。

　スクラムマスターにとって厄介な問題の1つは、自己組織化を損なうことなく支援することだ。多くの場合、スクラムマスターは「手助け」の精神で問題を指摘し、自分がうまくいくと思っているソリューションに導いてしまう。それによって多少の利益はあるかもしれないが、これでは創造性、コラボレーション、ボトムアップによる知識創造の本当の力を引き出せない。最悪の場合、スクラムマスターへの依存、チームメンバーの恨み、貧弱なソリューションを生み出してしまう。

　苦労しているスクラムチームと働いている場合でも、困難に直面している経験豊富なチームと働いている場合でも、透明性は目の前を照らす明かりになる。チームは必ずしも進む道の全容を知る必要はない。自分たちの前に明かりを照らせばよいのだ。そうすればその情報をもとに決断して、適切な方向に向けて次の一歩を進められる（この先はいずれにせよ未知のものだらけなのは確実にわかっているはずだ）。そして、間違えてしまった場合は、透明性によってすぐにそれが明らかになり、向かう先を変えられる。これこそが、私たちがスプリントと呼ぶ短いサイクルで働く理由だ。

　スクラムマスターがチームと組織のために明かりを照らすことで、今どこにいて、どこに向かいたいのかを検査し、数歩前進するために適応できるようになる。

スクラムマスターとして、スクラムチームの意思決定の役に立つ情報に透明性を持たせよう。どんな視点が足りないのか？　共通理解に至っていないのはどこか？　口にされていないことは何か？　スクラムチームを足止めしているものは何か？

　学習や進捗、価値においても透明性を確立しよう。チームはどんな傾向を目にしているのか？　それはどんな意味を持つのか？　問題やニーズがあることを確認するのに役立つ情報は何か？　変更がうまくいったことを示すアウトカムは何か？

　スクラムチームがプロセスのボトルネックやチーム内のスキルと知識のギャップに悩まされていたり、生産的な対立に陥っていたり、品質問題を抱えていたり、明快な意思決定をしようとしていたり、競合やマーケットの変化に追随したり、新技術を導入したり、届ける価値を増やそうとしたり、思い込みを打破しようとしていたり、ステークホルダーの期待値を管理しようとしたり……。いずれの場合も透明性がカギだ。スクラムマスターとして、もっとはっきりと見えるように手助けしよう。目の前を照らすのだ。そうすれば、**スクラムチーム**は最善の方法を決められるのだ。

困ったときは ......。 落ち着いて非常ボタンを押そう

64

ボブ・ガレン
著者プロフィール p.248

　スクラムを活用しているときの課題の1つは、問題に遭遇したときにどこに進めばよいかを知ることだ。まずは**問題**を定義しよう。

- 自分の手に負えないとき
- 初めての状況に遭遇したとき
- 認定クラスから戻ってきたばかりのとき
- 安全な文化ではないとき
- 同時にたくさんの問題が押し寄せているとき

　では、そのような逆境や一見すると手に負えないような状況に直面した場合、どこに進めばよいだろうか？　自分自身の内面を掘り下げながら、どこを見ればよいだろうか？

　以下では、スクラムマスターやコーチとしてこのような環境を扱う秘伝の方法を紹介しよう。

　まずは、深呼吸して落ち着こうとする。考えなしにすぐに対応するのは、それがときにはとても魅力的だとしても、決して良いアイデアではない。これと反対のことをする。直感に従わず、落ち着いて方向性を探るのだ。

　次にスクラムの基本に立ち戻る。自分は複雑な問題に対して、複雑に考えて、焦燥感に駆られ、パニックになりながら対応することが多い。もしくは、かなり複雑な対処方法を考えてしまう。つまり、自分がカオスにはまっているのだ。こんなときには、基本に集中するように自分に言い聞かせる。

　だが、具体的に基本とは何だろうか？

　私にとってスクラムの基本とは経験主義を中心としたものだ。つまり、透明性、検査、適応が、5つのスクラムの価値である確約、勇気、集中、公開、尊敬と組み合わさったものである。

　透明性を実現しようとするのは、それがあればシステム自体を省みることができるからだ。そうすれば、直面している問題が何であれ、問題は明確になっていく。重要なのは、対応することよりも発見する好奇心を持ち続けることだ。そうすれば、根本原因を最初に見つけて、それからチームで取りうる対応を探れるようになる。

チームに対する**約束**を改めて確認し、問題の解決ではなく、支援に集中するように自分に言い聞かせる。自分を頼りにしているステークホルダーや顧客にどんな約束をしたのか思い出し、チームを解決に導く自信が自分にはあるはずだと自分に誓うのだ。

　勇気を持って真実を伝えなければいけないことを自分自身に言い聞かせる。つまり、自分が知らないことがあれば、知らないと言わなければいけないのだ。助けが必要なら助けを求めるのだ。問題がシステムの外にあるなら、それを障害として扱い、勇気を持って正面からそれに取り組むのだ。

　目の前の問題に**集中**するように自分に言い聞かせる。連鎖しているほかの問題や複雑なコンテキストに惑わされないようにしよう。より良い状況やソリューションを求めて全力で取り組もう。1人ではなくチームや組織を巻き込んで取り組もう。つまり、全員が1つのことに集中できるように支援しよう。

　何が起こっても**オープンマインド**でいるように自分自身に言い聞かせる。問題を解決するのではなく、問題を見つけるマインドを持とう。カオスを扱うときの問題の多くは、別のソリューションが持つ別の可能性を受け入れないことだ。「いつもうまくいっているやり方」に固執してしまっているのだ。そうではなく、いつものその先に目を向けよう。

　最後に、**尊敬**の気持ちを忘れないようにしよう。外部からの介入ではなく、内部で自己修復するシステムの力を尊重しよう。そして、カオスのなかで冷静さと集中力を保つことで自分を尊重しよう。実際、私は遭遇したすべてのことを尊重し、判断はしない。経験主義が明らかにしてくれた発見に対してオープンであり続けるのだ。

　私にとって、基本とは**スクラムの灯台**のことだ。

　迷ったときは基本を頼りにする。基本を頼りにすればがっかりすることはないだろう。

　カオスにカオスで対応すると、カオスのなかに入り込んでしまう。だが、基本を中心において対応すれば道は見つかる。あなたの道が見つかることを願っている。

65 積極的に何もしない （という大変な仕事）

バス・ヴォッデ
著者プロフィール p.243

　「スクラムマスターは1日中何をやっているんですか？」というのは答えるのが難しい質問だ。スクラムマスターの仕事は状況によるからだ。質問の答えは、チームの成熟度、プロダクトオーナーの経験、組織の機能不全の度合いなどによって、大きく異なる。「スクラムマスターの5つ道具」を使って、スクラムマスターがいつ、なぜ、何をやるかを明確にしてみよう。

1. スクラムマスターは質問する
2. スクラムマスターは教育する
3. スクラムマスターはファシリテーションする
4. スクラムマスターは積極的に何もしない
5. スクラムマスターは介入する（例外的に）

　この道具の説明はほぼ不要だと思うが、いちばんよく使う4つめの道具、「積極的に何もしない」だけは説明しておこう。

　積極的に何もしないとは、チームや組織の適切ではないダイナミクスや、単に間違っているふるまいを観察したとき、**そのときには何もしない**という選択をすることだ。

　積極的に何もしないの意味を明確にするために、反対を考えてみよう。消極的に何もしない、だ。消極的に何もしないとは、本当に何もせず気にもしないことだ。積極的に何もしないとは、すごく気にしていて、起こっていることを注意深く観察し、何もしないことを選ぶ。

　たとえば、別のチームにいる2人が、どのチームが何をやるべきかについて、ちょっとした言い争いをしているとしよう。観察し、注意深く聞く。そして自分自身に「放置したらチームにダメージが残るだろうか」と尋ねる。そうでないなら、何もしないことを選ぶ。

　積極的に何もしないことで、実際には積極的に何かをやっていることになる。チームの状況に合わせて、チームが責任を取れるスペースを作ることになる。何かをやってしまうことで、実際にはチームから責任を奪い、チームが自分で問題解決するのを妨げてしまう。それはチームの成長を妨げる。ゆえに、私はスクラムマスターとして、チームの状況を観察し、チームや組織のダイナミクスを考慮し、チームや組織に害があるかを考える。害が

ない場合がほとんどだ。害がないなら、それはチームにとって自己学習し成長するための機会となることが多い。したがって、ちょっと無理してでも、積極的に観察を続けること以外は何もしないことを選ぶ。

　積極的に何もしないあとで、積極的に何かをやることもある。チームが自力で問題を解決したあとで、学習の強化を助けるために質問したりできる。また、ほかのやり方があった可能性についての質問をすることもある。次に同じような状況になったとき、チームはもっとうまく対応できるようになるだろう。質問ののちに、ほかに2つのスクラムマスターの道具を使うことが多い。質問がおもしろい議論や判断につながりそうなときはファシリテーション、学習につながりそうなときは教育だ。

　積極に何もしないのは難しい。しかも突然そのような状況になる。スクラムマスターとしてチームのことを思い、チームを助けたいと思うからこそ、何もしないのは難しい。チームが経験している痛みを解決したいと考えてしまう。だが良いスクラムマスターは、長期的に見るとすぐ助けるのは有益でないと理解している。チームビルディングとは、チームが自分自身で問題を解決し、学び、成長する場を用意することなのだ。

　積極的に何もしないことの問題は、本当に何もしていないように見えることがある点だ。何も価値を生み出していないように見える。私がスクラムマスターを務めたチームの多くは、私が本当に何もしないと冗談を言っていた。私がチームにいるとうまくいくことが多いことに気がついてはいたが、なぜかはわかっていないようだった。本当に、積極的に何もしていないように見えていたのだ。

　少しチームから離れてみて、積極的に何もしないことで、より良いスクラムマスターになってほしい。

＃スクラムマスター道（#ScrumMasterWay）でスクラムマスターを終わりのない旅に導く方法

66

ズザナ・ショコバ
著者プロフィール p.249

　私の＃スクラムマスター道（#ScrumMasterWay）という概念では、偉大なスクラムマスターを３つのレベルで表す。それぞれ**私のチーム**、**関係性**、**システム全体**に影響する。

　私のチームレベルのスクラムマスターは、チームの一員のようなものだ。つまり、開発チームの視点からものごとを見る。いろいろなアジャイルプラクティスを説明したり、スクラムのミーティングをファシリテーションしたり、障害を取り除く手助けをしたり、チームをコーチしたり、改善点を探したりする。言うなれば、**スクラムマスターの心理状態モデル**のアプローチを５つすべて使うのだ。**私のチーム**レベルから始めるのは素晴らしい出発点である。スクラムマスターがスクラムの成功を実証し、チームに、プロダクトの成功に取り組みアジャイルな組織を作る次なるステージへの道を示すのに役立つだろう。チームは機能横断的で自己組織的であるだけなく、より生産的になり、改善し続け、先回りするようになる。そして、全体的な目標へのオーナーシップと責任感を持つようになるだろう。こうなれば彼らはもはや、個人の集団ではなく、素晴らしいチームだ。これは、チーム内部の高いエネルギー、積極性、活発な動きを通じて認識できる。ここまで正しく実施できており、**チーム**レベルの作成物をしきりに攻撃したがる人だらけのようなひどい組織機能不全に陥っていなければ、半年もすればあなたは次のレベルに進む準備ができているはずだ。

　関係性レベルは、スクラムマスターが開発チームだけでなくより広範なシステムにも焦点を当てているような、より高い視点をもたらす。ここではチームが持つチーム外との関係性のすべてを眺め、開発チームとマネージャー陣、プロダクトオーナー、顧客、ステークホルダー、ほかのチームとの関係性を改善する。そのために、ティーチング、メンタリング、ファシリテーション、コーチングといったスキルに焦点を当てた**スクラムマスターの心理状態モデル**のアプローチを組み合わせて使う。たとえば、プロダクトオーナーに優れたビジョンを作るようにコーチングしたり、ほかのチームとの会話をファシリテーションしたり、マネージャーにパフォーマンスレビューのやり方をどう変えるか教えたり、スケーリングのフレームワークを紹介したり、といったことをする。大きなエコシステムが自己組織化し、一貫性があり、統一性のあるものになるためなら何でもするのだ。ここまで正しく実施できており、扱いにくいステークホルダーだらけで何をやるにも政治が必要になるような、ひどい組織機能不全に陥っていなければ、およそ３年もすればエコシステ

ム全体は自己組織化し、あなたは次のレベル、すなわち**システム全体**レベルに徐々に進むことができているはずだ。

　組織は複雑なものなので、このレベルでできることは永遠に続く。常にあなたの注意を必要とする何かしらの変化があり、常により良いものごとのやり方があり、常により良い仕事のやり方がある。このレベルでは、スクラムマスターは1万フィートの高さから組織をシステムとして俯瞰し、組織的な改善やより良い構造、文化、リーダーシップ、組織のアジリティを探すことになる。このレベルでは、スクラムマスターはサーバントリーダーになり、ほかの人たちがより良いリーダーになることや、コミュニティの成長、関係性の修復を助けるようになる。アジャイルの価値基準を組織レベルにもたらすようにしよう。複雑なシステム全体に取り組み、優れたチームの自己組織的なネットワークに変化させよう。この局面では、あなたには組織が生きた生命体のように見えるだろう。この生きた生命体には1つの目標があり、これを疑う人はいない。このシステムは実験をし、失敗から学ぶ。システムのDNAには、安全性、透明性、信頼が深く刻まれている。この文化はコラボレーションと信頼を価値としていて、階層的で伝統的な構造と比較して、より革新的で創造的なアイデアを生み出す機会を提供する。

　スクラムマスターであることは終わりのない旅だ。#スクラムマスター道（#Scrum MasterWay）は旅のガイドになってくれるはずだ。

第VII部
人間。あまりにも人間

チームは単なる技術力の集合体
67 ではない

ウーヴェ・シルマー
著者プロフィール p.237

> 機能横断的チームは、チーム以外に頼らずに作業を成し遂げる能力を持っている。

スクラムガイドのこの文言は「作業を完成させるのに必要な**技術的スキル**をすべて持っている」という意味に解釈されることが多い。

結果として、多くの場合、プロジェクトへの人の割り当ては空き状況とスキルだけに注目して行われる。個人の人格がチームの成功に与える影響はあっさりと無視されてしまう。チームの働き方やチームが生み出すものに影響を与える以下のような要因についても同じだ。

● 全員共通のビジョンや目的を持っているか？
● 終わらせなければいけないことを実行する権限を与えられているか？
● チームのコラボレーションや相互作用の質はどうなっているか？

チームメンバー間の相互作用の強さと質は、チームメンバーが育む対人関係にとって重要だ。これはチームが全体として行動しているかどうかを表しており、チームの全体的なパフォーマンスにとって極めて重要である。

チームメンバー間の相互作用の強さと質は、そこに集まった技術力よりも、各人の個性やチーム内の個性の組み合わせや相性によるところが大きい。

チームを作る責任を持つ人がこのことを認識していて、完璧なチーム構成を目指すことも多い。彼らは、チームメンバーの候補になる人たちの性格をマイヤーズ・ブリッグスタイプ指標（MBTI）やDISC、楽観度尺度（LIFO）、ハーマン脳優勢度調査（HBDI）、Insightsのディスカバリーといったアセスメント手法を使って分類する。

おもしろい事実として、これらのアセスメントはすべて4つの性格分類を用いる。これを使うことで、チーム内での個人のふるまいや、何が彼らを駆り立て動機付けるのかをより理解できるようになる。だが、これを使っても、計画段階から高いパフォーマンスのチームを作ることなどできない。食事を作るのとは違って、チームを作るレシピはないのだ。性格分類に完璧に当てはまる人はいない。言うまでもなく、性格の相互依存関係は複雑すぎて計画どおりにいかない。

人間の性格は固定ではない。人間はそれぞれの環境で微妙に違う性格を示すものだ。同じ環境だとしても、経験を積んだり見識が増えたりすると、時間とともに性格は変わっていく。

　アセスメントの手法はチームの個人のふるまいやニーズを理解するのに役立つかもしれない。だが、チームがある構成のときにどれだけ効果的であるかは、チームが達成しなければいけない仕事、その仕事でどのくらい相互作用が必要か、その相互作用の強さと質次第だ。計画の活動、創造的な作業、意思決定のそれぞれで必要となる相互作用の種類は異なるし、それぞれの作業で最高のパフォーマンスを達成するには、チーム内で異なる個性の組み合わせが必要だ。チームが達成しなければいけない仕事の種類に応じて最適化する方法はなく、チーム構成をタスクごとに変えることもできない。そんなことをしたら、チームの結束力と安定性を損ない、チーム全体のパフォーマンスやアウトカムに悪影響を与える。

　したがって、次回新しいチームを作ったり既存のチームを変えたりする場合には、単に空き状況や技術力、堅苦しい性格分類だけでなく、もっと多くのことを考慮に入れよう。チームの状況に応じて、どんな性格の人がチームに最適かを判断するようにしよう。そして何よりも、それをチームに任せよう。きっと違いを実感できるはずだ。

68 人は障害か？

ボブ・ガレン
著者プロフィール p.248

　ある親友が、しばらく前の調査でこんな質問をしたことがある。スクラムマスターは障害になっているチームメンバーを「クビ」にできるか？

　ここでのクビの意味は明確ではない。本当に解雇することかもしれないし、チームからは外すという意味かもしれない。次の行き先があるのかないのかもわからない。

　この調査は議論を巻き起こした。およそ200人から回答が得られ、65%がクビに反対し、35%が賛成だったと記憶している。

　35%もの人たちが、チームから人を取り除いてもよいと考えていることに言葉を失った。村八分を投票で決めるようなものだ。人間システムの運用よりも、スクラムの運用を上に見ているようなコメントが多いことにも、危機感を持った。スクラムの価値である尊敬と勇気が忘れられているようにも見える。個人への尊敬と、人をコーチング、メンタリングする勇気だ。

　ここまででおわかりと思うが、私はこの論争自体に参加する**つもりはない**。理由は以下のとおりだ。

1. このような人事上の判断をするのに必要な経験やトレーニングを積んでいるスクラムマスターは多くないと思うから。スクラムガイドの役割としても記述されてはいない

2. **人は障害でないと思うから**。人を**リソース**と呼ぶ人に対しても、同じような反応をすると思う。人は人であり、それぞれ素晴らしくユニークだ。人事上の対応のインパクトや痛みを小さく見せるために人をカテゴリ化する人に私は共感しない

3. スクラムに適応している組織には、スクラムのエコシステムの範囲外の状況があると思うから。人とそのパフォーマンスは、スクラムのエコシステムの範囲外ではないとしても、境界あたりの問題である

　たとえば、ある人が病気のせいで、パフォーマンスやチームとのやりとりに影響があるとしたら？　もしくは、多様性の問題でチームがある人とのやりとりをしていなかったら？　あるいは、家族に不幸があり、悲しみにくれているメンバーがいたとしたら。それとも……。

チームの障害とは何だろう？　障害とは、スプリントゴールの達成を妨げるものすべてだと私は考えている。だが、チームのメンバーは障害に含めない。人は除去できる障害ではないからだ。

　代わりに、スクラムマスターがコーチングをしたり、サーバントリーダーシップを発揮したりできる機会だと考えよう。どんな行動をとっていたとしても、尊敬といたわりをもって接しなければいけない。スクラムマスターは、メンバーが自らの状況や、経験からくる限界を明確に理解できるように助けなければいけない。

　自分の力でどうにかできる範囲を超えてしまっていたら、彼ら自身やほかのチームメンバーがすぐに助けを求められるようにしておかなければいけない。どこに助けを求めたらよいだろうか？

　マネジメントや経営層、人事部のメンバーから助けを得られるだろう。スクラムを理解していなくても、スクラムマスターより彼らを助けやすいポジションであることも多い。そして、最も基本的なレベルでは、スクラムマスターは手放すことを学ばなければいけない。システムに解決を委ねるのだ。

　スクラムマスターという役割は、難しく、濃密かつ重要だ。イライラすることも多々ある。扱わなければいけない範囲も広大だ。しかし重要なのは、自分の弱みをさらし、助けを求めなければいけないのを知っていることだ。そして、ここで説明したのは、助けを求めるべき状況の1つだと私は思っている。

人間はいかにしてすでに複雑なもの
69 をさらに複雑にするのか

ステイン・デクヌート

著者プロフィール p.250

　スクラムは複雑なプロダクトを開発、維持するためのフレームワークだ。残念ながら、**複雑**という言葉の持つ意味については多くの誤解がある。いちばん一般的で、同時にいちばん深刻な問題は、複雑なものを（単に）込み入ったものと勘違いすることだ。

　大変かもしれないが、込み入った問題はルールやレシピで解決可能だ。十分に分析すれば、賢い人たちは明快なソリューションを実現できる。一方で、複雑な問題は根本的に異なる。とてつもなく多くの要素が絡み合っていて予測不能だ。したがって、約束されたアウトカムを期待して、ルールやプロセス、ベストプラクティスを活用して複雑な問題に取り組むのは不可能だ。

　何世紀にもわたって、経験主義は人間が複雑な問題を扱うときの最善のメカニズムだと証明されてきた。経験主義は、生物の学習プロセスにおいても不可欠だ。試行錯誤による経験的な学習プロセスがなければ、食べたりしゃべったり読んだりといったことも身に付かなかっただろう。継続的な経験的適応がなければ、進歩はかなわなかっただろう。スクラムが提供してくれるのは、まさにこの経験的プロセス制御である。

　複雑な問題に遭遇したとき、事前の分析や計画は何ら成功を保証してくれない。思い込みの戦術を捨てて、自分たちの経験から学ぶ能力を信頼し、すばやく頻繁に学習しなければいけない。自分たちの専門性、経験、人間としての学習能力の組み合わせに頼る必要があるのだ。

　だが仕事の場では、これは自然には起きない。

　進化の歴史のなかでは、次の瞬間に何が起こるかを予測するのは、生き抜くための重要なスキルだった。私たちの脳は予測の天才で、リスクとチャンスをすばやく捉えることで、害悪から身を守ってくれる。私たちの脳は、ものごとが起こる直前に体と心の準備をするのである。

　その上、こうすることでその場のすべての信号を処理するよりもかなり少ないエネルギーで、外の世界に対処できるのだ。私たちは予測にもとづいて経験したことをまとめ、これから起こることの仮説を検証するために情報の断片をスキャンする。入ってくる情報の断片が予測どおりだと確認できたように見えるたびに、脳はドーパミンを放出することで私たちを良い気分にさせてくれる。

　つまり、ほとんどエネルギーを使わずにアウトカムを予測（しようと）することに快感

を覚えるのだ。これは、予測に意味がないときでも起こる。私たちが生来備えている生存競争のメカニズムは、今日の複雑化し続ける課題に対処するのに必要なマインドセットとは少々矛盾している。

　スクラムで成功するには、私たちの非合理な部分が自分たちの予測や予測能力をそのまま信頼すべきだと確信しているときでも、健全な懐疑心を持って自分たちの（無意識の）予測を扱う意図的な努力が必要であることを認識しなければいけない。人間の力では、これは思った以上に難しい。

　私たちは、複雑性を完全に理解している場合でも、自分たちの環境に対する予測に過度に楽観的になる傾向にある。これは、実際に複雑な状況だったり、カオスな状況であったりしても同じだ。私たちは当然のように、予期せぬ事態が起こるのを防ぐために分析や計画を行おうとする。だが、複雑な状況では、これは実際には、基本的にコントロールできないものをコントロールしようとする不合理な試みだ。込み入った問題に適したソリューションを複雑な問題にそのまま使ってしまっているのだ。

　皮肉なことに、私たちはその過程でものごとを過度に複雑化する。細部まで決められた手法を選んだり、幅広いテンプレートを提供したり、事前に詳細を調べたりといったことによって、実際にはコントロールを失ってしまうのだ。

スクラムの「アハ」体験をデザインする

70

ステイン・デクヌート

著者プロフィール p.250

　継続的改善はスクラムの欠かせない部分の1つだ。これはスプリントレトロスペクティブで目に見える形で実践される。だが、新しいアイデアを生み出し、それを活用する能力はいつでも重要だ。

　ゲームを変えてしまうようなアイデアを創造的に思いつき、それを実行する内発的な動機を見つけるには、認知科学者が「インサイト」と呼ぶ経験に勝るものはない。これは、「アハ！」とか「エウレカ！」体験として知られている。今までにないやり方で点と点をつなげて、最終的にすべてが明らかになるという体験をするのだ。このようなインサイトの瞬間に、私たちは強いエネルギー、喜び、モチベーションを体験する。

　仕事に関するインサイトを手に入れるのは、仕事以外の何かをしているときが多い。たとえば、シャワー中、ランニングをしているとき、犬と一緒に（一緒でなくてもよいが）森を散策しているとき、食器を洗っているときなどだ。

　認知神経科学の研究を踏まえて、私たちの環境をインサイトが起きやすい環境にしてみよう。インサイトは突然ランダムに現れるが、研究によるとインサイトは脳内で予測可能なプロセスを経て生まれていて、インサイトを起こしやすくすることが可能だ。リラックスしていて、ちょっと幸せな気分でいることで、インサイトの瞬間に適した条件を作り出せる。たとえば、問題をメタな視点で考えたり、静かなところで目を閉じたり、目の前の問題のソリューションを見つけるのにあえて夢中にならないようにしたりといったものだ。

　単純だが簡単ではないと思うなら、私たちは種として自分の思考に影響を与えて方向づけができると考えよう。私たちは、楽しいことを考えるために意図的な選択ができる。私たちは、自分自身や自分たちの問題をもっとポジティブな方法で見るように決められる。こうしたところで、長期的には問題に満足することはないだろうが、インサイトを含んだ画期的なアイデアを見つけるにはかなり役に立つ。このことを意識しているスクラムチームは、チームの部屋で前向きな雰囲気を作り出すことで、スプリントレトロスペクティブはもちろん、スプリント全体でお互いが協力できるのだ。

　人間が何かをしようとするときには余裕が必要だ。座って考えてふりかえる時間だ。残念なことに、スクラムを導入しているところの多くは、やり方がうまくなって届ける価値を増やすことよりも、量、つまりたくさん届けることに焦点を当てている。スクラムチームは、「これはどれくらいのあいだ、問題になっているのだろうか？」とか「どこかで似た

パターンがなかったか？」とか「問題じゃないとすると何が違うのか？」といった問いを投げかけて、自分たちの問題や課題をメタに考える時間を持たなければいけない。

　幸せな雰囲気、ちょっとした静けさ、心のゆとりの重要性を踏まえると、チームの場所の影響は計り知れない。スプリントやスプリントレトロスペクティブでは、静かで自然な環境のなかで一緒に歩き回ったり、楽しく（でも静かに）集まったりできなければいけない。

　最後の条件、つまり**放り出す**のは特に難しい。だが、問題を解決しようとして、特にそれがうまくいかなかったときに、気晴らししたり、認知能力を必要としない休憩を取ったりするのに役立つ。

　これらの条件を満たせば、素晴らしいインサイトの出現を保証できるのだろうか？　ノーだ。だが、インサイトの出現の可能性は上がり、多くの創造性、喜び、モチベーションをもたらしてくれるだろう。

71 脳科学を使ってスクラムのイベントを生き生きとさせる

イブリン・アクンルース

著者プロフィール p.250

　シャロン・ボウマンの「教室のうしろから教える」クラス（https://oreil.ly/tDRDb）で学んだことを使って、スクラムのイベントをより生き生きとしたものにした方法を共有したいと思う。

　ボウマンは人の脳が情報を処理する方法を解説し、講師やコーチがその方法を使って、生徒の学習や思考の拡張をどうやって助けられるかを説明している。ボウマンは認知神経科学における6つの「優位性」を定義し、人がよりよく学び、考えられるようにした。この考え方は、教室だけでなく、カンファレンスの講演、オンライントレーニング、スクラムイベントでも有効だ。

聞くより話す

話すことは社会的な活動だ。話すことで、聞くだけよりも、対象をはるかによく理解できる。会話をすることで、脳は新しい情報をうまく記憶できるようになる。会話によって情報は3回処理される。聞くとき、理解するとき、話すときだ。**自分が学んだことをほかの人に話すように促してみよう。**

読むより書く

書くのには物理的な活動が必要で、体と心の両方を使う。読むだけでなく書くことで、活動の感覚が加わる。より多くの感覚を使うことで、よりよく学べる。**絵を描いたり、概要を書き出したり、落書きをしたり、要約したりするよう勧めて、学習を促そう。**

座るより動く

体を動かすと血流と酸素供給が増加する。脳に酸素が多く届くと、思考と学習を促進するブーストがかかる。**立って歩き回らせよう。ペアで議論させ、壁に付箋紙を貼らせよう。**

長くより短く

10分で何もおもしろいことが起きなかったら、私たちの脳は興味を失ってしまう。話す内容やミーティングを短く分割できれば、注意を維持できる可能性は上がる。**ファシリテーションのやり方や準備の仕方を変えて、ミーティングでより短いタイムボックスを使おう。**

同じことより違うこと

あなたの脳は飽きやすく、飽きたことに注意は払わない。退屈な話題やミーティングにならないように、ファシリテーション、プレゼンテーション、教育のやり方をしょっちゅう変えてみよう。**ミーティングや研修でより多くの成果を得るために、驚きと興奮のある方法を使おう。**

言葉より画像

言葉だけよりも、画像や音のほうが脳の記憶に長く残る。**メンタルイメージ、メタファー、ストーリーを作れるようにしよう。**

このような優位性がどのように働き、どんなメリットがあるかを理解すれば、スクラムのイベントにも応用できる。どんな優位性を利用しているかわかるだろうか？

デイリースクラム

チームメンバーの発表の順番を変えてみよう。立ってやろう。

スプリントプランニング

プロダクトバックログアイテムを付箋紙に書き、物理的なボードに貼って、ビジネス価値を見える化してみよう。

スプリントレビュー

ステークホルダーにマウスとキーボードを渡してみよう。ステークホルダーにフィードバックを書いて（描いて）もらおう。

スプリントレトロスペクティブ

創造性を刺激するために、フォーマットを変えてみよう。全員が議論に参加するように刺激してみよう。

スプリント

スプリントの長さは短くしよう。「完成」の定義を絵にして壁に貼ってみよう。

シャロン・ボウマンと脳科学にもとづく 6 つの優位性から学んだことは多い。スクラムのイベントで、動いて、見て、書いて、絵にして、簡潔にして、多様にすることを忘れなければ、思考と学習を刺激できる。きっと、より効果的な働き方を見つけるのに役立つだろう。

72 スタンドアップの持つ力

リンダ・ライジング
著者プロフィール p.250

　さかのぼること 90 年代の半ば、スクラムの初期には、デイリースクラムがいちばん受け入れられなかった。「なんだって？　ミーティングをさらに増やす？」「毎日？」といった反応だった。立ったままミーティングをやりたいという私たちの希望は、採用のハードルをさらに高くした。時間が経つにつれて、開発チームのメンバーが職場環境ゆえの課題を抱えていることがわかり、私はそのイベントに対して違った見方をし始めた。少なくとも 1 日 1 回は確実に顔を突き合わせて話ができるというだけでなく、座りっぱなしを防ぐ方法にもなると考えたのだ。そうして、多くの企業が立ってやるミーティングをいろいろと試しているのを見かけるようになった。ある研究によると、座ってやるミーティングは立ってやるミーティングよりも平均で 32% 長いにも関わらず、生産的でもなければ良い成果が出るものでもないことがわかったそうだ。とある素晴らしいプレゼンテーションで、マイカー・マーティンはトレッドミル・デスク[†1]を使いながらペアプログラミングをする方法を紹介した。そのプレゼンテーションでは、早死にと長時間座っていることには関連があるという記事に触れていた。現在はほとんどの職場にスタンディングデスクがある。明らかに改善している。だが、問題は解決していない。スクラムやほかのアジャイル手法の改善や画期的なオフィス家具が導入されてもなお、私たちは日中座りすぎなのだ。

　1 日中座りっぱなしになるのを防止するには、リマインダーとかきっかけが必要だろう。最近ヨーロッパのある新しいオフィスを訪問した。そこでは全員にスタンディングデスクがあるのに、立っている人がいなかった。立っていたくないわけではなさそうだったが、座ることが基本で立つことを忘れてしまっているのだ。彼らにやってもらえそうな実験が数個思い浮かんだ。もちろん、あなたにもできるものだ。1 つは、ポモドーロテクニック[†2]を使って、座ったり立ったりするのにちょうど良い長さの時間をタイマーにセットすることだ。もう 1 つは、休憩や昼食、帰宅時など、そのときは座っていても、離席するときに机を高くしていくというものだ。席に戻ったときには、少なくともしばらくは立っているように促される。この実験が役に立ったかどうかをぜひ教えてほしい。

　私は、スクラムプラクティスの文字どおりの解釈ではなく、本質を基礎とすべきだと思っ

---

†1　訳注：足元にルームランナーが付いた机
†2　訳注：時間管理術の 1 つで、25 分の作業と 5 分の休憩を繰り返す方法。トマト（イタリア語でポモドーロ）型のキッチンタイマーを使っていたことからこの名前が付いた

ている。必須のデイリーミーティングをルールに従ってやりすごすのではなく、立つ力、動く力を加えることでコミュニケーションとコラボレーションを改善するのだ。私たちは一緒に動くのが大好きだ。だからこそダンスの歴史があり、ランニングの歴史があり、ライブで体を揺らす歴史がある。私たちはこれを何万年も続けてきたのだ。もちろん、無理に立たせてはいけない。立つことができなかったり、立ちたくない気分の日だったりすることもある。

　私たちには、ちょっとしたきっかけが必要だ。ミーティング中に立っていても問題ないはずだ。歩き回ってもよいし、そもそも歩きながらのミーティングがあってもよいはずだ。終日ワークショップをやるときは、私は最初にこう言う。「どうぞ立って歩き回ってください。ただし、ほかの人の邪魔にならないようにしましょう。立って、椅子を動かして別の場所に座ったり、壁に寄りかかったり、ストレッチしたりしてみてください。ただじっと座って見てないようにしてください。どうにかして同じ場所に居座ることが、経験を最大限に生かす方法なのだと思い込まないようにしてください」　このアドバイスは、ワークショップだけでなく日頃の職場でも同じように有効だ。

　アジャイルは反応の早さの話だ。アジャイルは実験の話だ。アジャイルは学習の話だ。このようにして文化の変化が起こるのだ。もっと立ち上がろう！

73 在宅勤務の影響

ダニエル・ジェームズ・グロ
著者プロフィール p.250

　私たちは人生の3分の1以上の時間を仕事に使う。過去数十年のあいだに、その時間の多くが在宅勤務で使われるようになった。そこで、この状況を詳しく見ていこうと思う。

　2001年に17人の人たちがソフトウェア開発の実践の改善方法について議論した結果生まれたのが、アジャイルマニフェストだ。より価値のある問題解決とデリバリーに焦点を当てたので、コミュニケーションとコラボレーションに関する文章がいくつか含まれている。

　原則の6つめにはこう書かれている。

　　情報を伝えるもっとも効率的で効果的な方法はフェイス・トゥ・フェイスで話をすることです[†1]。

　アジャイル運動とは基本的に、社会調査の分野で長年関心が持たれていたことを成文化したものだ。たとえば、**テレコミュート**という単語は1975年にジャック・ニレスによって作られた。アジャイルでは、人間は本来的に、社会化、学習、実験、変化への対応などの好みのもとでつながっていると考えている。

　チームメンバーが異なるタイムゾーンに分散していると大変だ。メールはまったく役に立たない。チームメンバーがメール（やほかの非同期のやり方）だけでコミュニケーションしていると、チームの結束が低下する。応答時間の遅延が増えることで、意思決定やチャンスへの対応が遅れる。チームや組織全体の信頼関係が低下するのである。

　現在の技術では高品質の音声やビデオのストリーミングが可能になっていて、距離に関係なくチームのコラボレーションに役立つ。だが多くの研究ではいまだにリモートワークは対面に比べて劣ると言っている。

　最初のうちは、リモートチームは1日中ビデオでつながることに不安や抵抗がある。ときには「ビッグ・ブラザー」[†2]が監視しているかのようになることもある。だが、チームメンバー全員が同じ状況にいることがわかると、緊張は和らぐ。日々の作業はこれで大丈夫だと思われるが、リリースプランニングやスプリントプランニング、レトロスペクティブ

---

†1　訳注：日本語訳は http://agilemanifesto.org/iso/ja/principles.html による
†2　訳注：ジョージ・オーウェルの小説『1984』に登場する支配者

といった重要な儀式などでは、定期的に一堂に会することが不可欠だ。実際に人を集める
いちばんの理由は、その場でのチームビルディングだ。

　リーダー陣は在宅勤務に懸念を持っていることが多い。経営陣は従業員や彼らが仕事を
している様子を直接見ないと、コントロールができないと考えている。この考え方は、産
業化が信頼の欠如を生み出したという 150 年前のパラダイムのままである。

　在宅勤務の状況を調査したところ、ワークライフバランスの向上という当初のメリット
は時間とともに失われていくことがわかった。在宅勤務する人は、在宅勤務の柔軟性を守
るために、休憩もあまり取らずに長時間働く傾向にある。この特典を失いたくないのだ。
また、在宅勤務は従業員を「常時オン」の状態に追い込むこととなり、仕事と私生活の境
界線が曖昧になる。

　在宅勤務のときに同僚との接触や連絡が制限されていると、「普通」についての感覚が歪
む。文化的な規範を示すボディーランゲージによるすばやい非言語フィードバックを欠く
ことになる。個人はプライバシーや独立性が望ましいと主張するが、その一方で、笑顔に
よるフィードバックから温かい褒め言葉まで、自分が心地よく感じられる人との社会的な
やりとりを求める。さらに在宅勤務は、チームメンバーがほかの人との交流を通じて尊敬
や信頼を確立する機会を減らしてしまう。

　タックマンは集団形成について形成期、混乱期、統一期、機能期からなる 4 つのステー
ジを提唱し、最新の調査でも有効性が確認されている。そして、直接での対面の交流がな
ければ、このステージを効果的に進んでいくことはできない。チームが高いパフォーマン
スを発揮できる状態まで成長するのに使える協力と対立の機会が、単純に足りていないの
だ。詳細は、ジョン・クランクの『Examining Tuckman's Team Theory in Noncollocated
Software Development Teams Utilizing Collocated Software Development Methodologies
（コロケイトでのソフトウェア開発手法を利用する非コロケイトチームにおけるタックマン
理論の調査）』（ProQuest Dissertations Publishing、2018）を参照してほしい。

74 優しく変化する方法

クリス・ルカッセン
著者プロフィール p.244

　スクラムでやるのではなく、スクラムであるようにするのは、多くの組織にとって困難が伴う。その困難さは、柔道のようなスポーツをマスターすることに似ている。組織が規律や習慣を身に付けるのに役立つ方法を**道場**（武術の稽古場）から6つ学んでみよう。

1. 個人のモチベーション

　変化に必要な規律は個人のモチベーションから始まる。個人の価値観とスクラムの価値観をつなげよう。個々のふるまいを観察し、有効だったか、そうでなかったかを確かめよう。スクラムのどのプラクティスが人気がないかを調べ、不満を取り除くために実験しよう。必要なトリガーは変化に対するオーナーシップにある。

> 　　武道は技量ではない、生き方なのだ。
>
> 　　　　　　　　　　　　　　　　　　　　　　　　——マルコ・ボルスト

2. 個人の技能

　人はやり方を学ぶために行動を起こすことで、モチベーションをあげられる。柔道には学びのための2つのテクニックがある。**形**（定められた状況での技能のトレーニング）と**乱取り**（より実戦に近い状況での技能のトレーニング）だ。ビジネスでは、トレーニング（形）をやっただけで、新しい技能を古い現場で試そうとしていることが多い。実践的な練習（乱取り）が足りていないのだ。

　新しいふるまいが根付くには、実践的な方法で技能をトレーニングする必要がある。現実に即した環境でやり方をマスターできるようにしよう。

3. チームのモチベーション

　誰もが認められ、尊敬され、ほかの人とつながりたいと望んでいる。スクラムチームのなかでもそうだ。だがスクラムはチームレベルに限られるものではない。組織全体に根付かせたいものだ。人がつながることで、さらに広がっていく。眉を上げる、口角を上げる、小さくうなずくことが、タウンホールのスピーチよりも影響を及ぼすことがある。

4. チームの技能

　スクラムが組織に浸透してきたら、チームにやり方を指示しなくてもよくなる。自分たちが作り出すインパクトのためにチームを巻き込んで、みんなで積極的に協力して働こう。何より、チームで集まれば、個々人でやるよりも良いソリューションを生み出しやすくなる。

　変化はしっかりと捉えつつ、計画の「実現方法」を一緒に考えよう。チームが臆することなく助けを呼べる「安全な」方法を用意しよう。

5. システムのモチベーション

　人間以外で、あなたが価値とするものを支える要因に注目し、ふるまいに変化をもたらそう。たとえば、自律に価値を置くなら、どのような判断を手放し、移譲するだろうか？ボーナスやインセンティブは、そのようなふるまいを促進するだろうか、妨げるだろうか？

6. システムの技能

　チームが一緒に働けるようにしたければ、一緒に座れるようにしよう。お互いから学ぶ必要があるなら、そのための部屋を用意しよう。作っているプロダクトのインパクトを理解していないなら、顧客と簡単に話せるようにしよう。望むようなふるまいを促進するための「もの」を変えるのは、人を変えるよりはるかに簡単だ。

> 　　集中するのだ、若きパダワンよ。集中。
>
> 　　　　　　　　　　　　　　　　　　　　——ヨーダ

　柔道の根本となる指針の1つに、**精力善用**がある。エネルギーを最大限に効率よく使うこと、という意味だ。「全員がこれだけをやるようにしたら、全部うまくいくだろうか？」言うは易し、行うは難し。一晩でできるようになったりはしない。（大小の）実験を行い、うまくいくこと、いかないことを見極めつつ、変えていこう。

第VIII部
価値がふるまいを駆動する

75 スクラムではプロセスよりも行動が重要だ

ギュンター・ヴァーヘイエン
著者プロフィール p.238

　スクラムはフレームワーク、つまりプロセスのスケルトンだ。自分たちで、時間やコンテキストに合わせた仕事のやり方を作り上げる。スクラムの導入に必要なのは、ルールのスケルトンや役割や作成物だけではない。スクラムは協力しながら、探索して実験する余地と機会を与えてくれる。スクラムではプロセスよりも行動が重要だ。

　価値は行動を促す。スクラムでは5つの中心的な価値を定義している。確約、集中、公開、尊敬、勇気だ。これらの価値が仕事や行動に方向性を与えてくれる。スクラムで複雑性や予測不能性に対処しようとするときは、この5つの価値を理解することが必要だ。

確約

確約は変えられない契約かのように間違って理解されていることが多い。だが、複雑な環境における複雑な取り組みでは、結果を正確に予測するのは一般的には不可能だ。スプリントプランニングの結果としての**確約**が、**予想**に置き換わったのはこれが理由である。スクラムにおける確約とは、この言葉が持つ本来の意味である献身のことであり、私たちの行動と努力の強度に適用されるものだ。チームのトレーナーが、（試合には負けたかもしれないが）「選手たちは献身的に戦っていて、責められない」と言うのと同じだ。

集中

スクラムの役割ごとにうまく分けられた明確な説明責任のおかげで、集中が高まる。スクラムでは、すべての作業がタイムボックス化されていて、将来のどこかで重要になるかもしれないようなことよりも、今いちばん重要なことに集中するよう促す。未来は不確実なので、差し迫ったことに集中するのである。将来の作業に役立つ経験を得るために、現在から学習するのだ。スプリントゴールとデイリースクラムによって、4週間以内に終わらせなければいけない作業と、うまく機能するいちばんシンプルなことに集中できるようになる。

公開

公開は、スクラムの経験的プロセスによって提供される透明性にも関係するし、それに限らない。公開とは、全員が自分の仕事や進捗、学び、問題を明らかにすること、それが推奨される環境を必要としていることを意味する。人は、リソー

ス（ロボット、歯車、交換可能な機械）ではないことを認め、ほかの人と一緒に働く。専門性やスキル、仕事の内容を超えて、ステークホルダーや多くの人と協力するのだ。

尊敬

スクラムのエコシステムでは尊敬が不可欠だ。それによって個人的な背景の違いに関わらず協力したり、経験を共有したりできる。ほかの人のスキルや専門知識、インサイトを尊重する。多様性や意見の違いも尊重する。顧客が心変わりするような事実を尊重する。価値がなく感謝もされないような機能や、使われることもない機能にムダな金を費やさないようにすることで、尊敬を表明する。全員がスクラムフレームワークを尊重する。全員がスクラムの説明責任を尊重するのだ。

勇気

要件が決して完全ではないこと、現実と複雑さをカバーする計画などないことを認めるには勇気が必要だ。方向を変え、インスピレーションとイノベーションをもとにして変更を検討するのにも勇気が必要だ。過去の幻想的な確実性を手放すのにも勇気が必要だ。スクラムで品質を第一とし、完成していないプロダクトを届けないようにするのにも勇気が必要。勇気とは、完璧な人は誰もいないのを認めることでもある。勇気を持ってスクラムを推進し、複雑性と予測不能性に対処するのに経験主義を用いるのだ。勇気を持ってスクラムの価値を守るのだ。

76 自己組織化とはどういうことか？

マイケル・スペイド
著者プロフィール p.251

　スクラムでは、チームは**自己組織化**していることになっている。だが、自己組織化とは実際には何を意味するのだろうか？　自己組織化は、自然（化学、生物学）にもコンピューティング（ロボティクス、AI）にも現れる。

　Wikipedia にはこうある[1]。

> 元々秩序のないシステムから、構成部分の局所的な相互作用の結果、ある種の秩序が生み出されるプロセス。外部エージェントからの制御を必要としない。生成された組織は完全に分散しており、システム全体に広がっている。生成された組織は頑強で長生きなことが多く、自己修復能力を備えることもある。

　自己組織化とは「何をやってもよい」という意味ではない。プロとしての自由度を持つ集団がコラボレーションできるような制約があるときに生まれることが多い。詳細なプロセスルールやタイトな調整がなされたスケジュール（プロジェクト計画など）といった制約が多い場合、知的な反応ではなく、（これまでのウォーターフォールプロジェクトで見たような）官僚的な反応を引き起こす。少数のシンプルな制約があるとき、たとえば長年の経験から得られた制約とほんの少しの知恵が合わさったとき、素晴らしい自己組織化が出現する。

　スクラムチームにとって、自己組織化への制約は 19 ページのスクラムガイドだけだ。スクラムガイド自体も経験の産物で、おそらく何千回もの繰り返しの結果生まれたものだ。チームが、**自己流**のスクラムで自己組織化したらどうなるだろうか？　自己流のスクラムは、無意識のうちにシステムの機能不全を覆い隠そうとする。優秀な実践者が紡いできたような成功はおそらく得られないだろう。

　スクラムガイドを本当に理解することなく、組織がプロダクトオーナーの決定を頻繁に覆すことも多い。スクラムガイドには「プロダクトオーナーをうまく機能させるには、組織全体でプロダクトオーナーの決定を尊重しなければいけない」とあるにも関わらずだ。「デイリースクラムとは、開発チームのための 15 分間のタイムボックスのイベントである。スプリントでは、毎日デイリースクラムを開催する。開発チームは、次の 24 時間の作業を計

---

[1]　訳注：https://en.wikipedia.org/wiki/Self-organization

画する」となっているのに、デイリースクラムが40分の進捗ミーティングになっていることもある。デイリースクラムは、1日のなかで最もエキサイティングで、活動量が豊富で、情報豊かな15分間でなければいけない。そうでなければ、間違った制約を課している。

何年も前に、スクラムの道を作ってみたことがある。スクラムガイドの道教バージョンだ。自己組織化のインスピレーションになることを願って、ここに再掲する。

道の下にあるもの

　　道は透明である

　　道には検査を

　　検査には適応を

人

　　プロダクトオーナーは、道が何かを決める

　　開発チームは、道のやり方と量を決める

　　スクラムマスターは、道に奉仕し、道が失われたときはみんなに告げる

イベント

　　リリースプランニングは、道から益を得る人、時を定める

　　スプリントは、チームの道で、期間は変わらない

　　スプリントプランニングは、今週と来週の道を定める

　　デイリースタンドアップは、チームが今日の道に適応するのを助ける

　　スプリントレビューは、道を使う人がこの2（〜4）週間ででき上がったものを検査するのを助ける

　　レトロスペクティブは、これまでの道の検査にもとづいて、次の道を決める

ものの道

　　プロダクトバックログは、順序だった道である

　　スプリントバックログは、2週間の道のやり方である

　　スプリントゴールは、スプリントバックログとチームの道である

　　完成の定義は、道に従うために全員で合意しなければいけない

77 欠陥を宝のように扱う（公開の価値）

ジョルゲン・ヘッセルベルグ

著者プロフィール p.251

　スクラムの特徴のうち私のお気に入りの1つが、それが美しいまでにシンプルで19ページからなるスクラムガイドにすっきりとまとめられていて、スクラムを作ったケン・シュエイバーとジェフ・サザーランドによって定期的に更新されている点だ。スクラムの主要な要素は初期の頃から大きくは変わっていないが、フレームワークは進化し続け、スクラムガイドはこれを書いている時点で4回改訂されている。

　いちばん大きな変更の1つは2016年で、スクラムガイドにスクラムの5つの価値（確約、勇気、集中、公開、尊敬）が含まれるようになった。この価値がとても重要なのは、それが持続可能で高いパフォーマンスを持つチームの土台を作るからである。チームの規範やふるまいを導く価値がないと、意図や方向性を簡単に見失ってしまう。5つの価値はチームの働き方に影響を与え、組織における継続的改善の文化を育むのに役立つのだ。

　それぞれの価値はスクラムにおいて重要な役割を果たすが、そのなかでも特に公開が重要だ。スクラムチームは経験主義のもとで現実を受け入れ、ときには不都合な真実を扱う。そこでは透明性（スクラムの3本柱のうちの1つ）と、不快な情報は避けるべきものとしてじゅうたんの下に隠すのではなく、それを改善の機会と見なせるマインドセットが必要だ。

　公開を価値として受け入れている例として私が見たいちばんの例はトヨタだ。数年前にインドのリフトトラック工場を訪問したときのことである。工場を観察できること、リーンの深い教えを実現している多くのテクニックやプラクティス、手法を視察できることに私は感激していた。工場のなかを歩き回っているときに、チーフエンジニアの人にトヨタでは欠陥をどう扱っているのか聞いてみた。

　チーフエンジニアはにっこり笑って、彼らは「欠陥」を「宝」という名前に変えようと考えていることを教えてくれた。私は混乱したのを覚えている。なんでトヨタは欠陥の名前を変えるのだろうか？　「宝」とはなんだろうか？　最初に思い出したのは、かつて一緒に働いたことのあるあまりうまくいってない会社で、ステータスレポートの見栄えをよくするために欠陥を「フィーチャー」として扱っていたことだった。

　チーフエンジニアは私の困惑した表情を見て、説明してくれた。「私たちが欠陥を宝という名前に変えようと考えている理由は、それが素晴らしい価値を提供してくれるからです。欠陥を見つけたら、それは贈り物なのです。私たちがシステムを改善するのに役立つ情報

を明らかにしてくれます。欠陥が教えてくれるまで、私たちが気づいていなかった不備があったのです」

　チーフエンジニアは話すのを待ちきれない様子だった。彼はこう続けた。「私たちは欠陥の根本を突き止め、それが初めて起こった原因を理解し、二度とそれが起こらないように直すのです。欠陥が私たちに価値ある情報を教えてくれたことで、システムは強固になり、回復力が増し、健全なものとなります。これは本当に宝なのです」

　この例は公開の力を示している。トヨタは欠陥を「歓迎する」ことで、現実に向き合うだけでなく、欠陥の根本原因に対してすばやく行動している。そうすることで、再び同じことが起きないようになっている。チーフエンジニアが説明してくれたように、欠陥が提供してくれた知見のおかげで、システム全体が改善されるのだ。

　本書の残り 96 個の記事を探索するなかで、この記事はリストの先頭に値するものだと思う。公開と透明性はスクラムと継続的改善のマインドセットにとって不可欠で、トヨタのような業界のリーダーを見てもそれは明らかである。

「そんなやり方、ここでは
78 通用しない！」

デレク・デヴィッドソン

著者プロフィール p.249

　ある組織がアジャイルの導入に乗り出したときのことを思い出している。まず、実績の
あるアジャイル実践者6人からなるチームを招き入れた。このアジャイルチームはすぐに
課題に直面することとなった。ほかの組織での経験を活かして、この組織でアジリティを
促進する策を考えることだ。

　アジャイルチームは状況を把握するのにいくらか時間を使った。そして、改善すべきこ
とはいろいろあったが、**安定したチーム作り**を最優先にすることにした。改善の進め方の
裏付けとなるデータも準備した。経営層にその改善のアイデアを提案したが、反応はさえ
ないものだった。「そんなやり方、ここでは通用しない！」

　最初に却下されてからも、その提案は依然として会話の中心的な話題だった。経営層は「安
定したチームの話はもうやめろ。ここでは通用しない。時間を無駄にしないでくれ」と反
応し、ちょっと困惑しているようだった。

　アジャイルチームは、安定したチームは組織にメリットをもたらすと絶対的に信じてい
た。抵抗されたものの、提示された課題に対する適切な対応策だったし、組織をアジャイ
ルにするという自分たちのコミットメントも諦めたくはなかった。

　違うアプローチを検討するには、オープンマインドが必要なのは明らかだ。信念を貫く
勇気もいる。アジャイルチームは、直近の四半期におけるスタッフの割り当て状況と、実
施した作業のデータを集めた。そして、同じだけの作業を安定したチームでもできること
を示すシミュレーションを作った。アジャイルチームはシミュレーションを複数回実施し、
この組織でもそれが可能なことを何度も証明してみせた。

　この発見を踏まえて、チームは組織内のほかの人たちに安定したチームで同じ成果を出
せるかを尋ねた。彼らからの合意を得て、アジャイルチームは、安定したチームが「ここ
でも通用する」ことをデモし始めた。

　アジャイルチームは経営層と再びミーティングを持ち、前回のミーティングのがっかり
感を打開しようとした。

　アジャイルチームはシミュレーションの結果を見せて、安定したチームがここでも通用
するという根拠を説明した。経営層の反応は驚いたことに、「やってみて、結果を知らせて
ほしい」だった。

　アジャイルチームの予想した反応とはまったく違っていた。それどころか、さらに驚か

されることになった。「やめろ」と言われた前回のミーティングとは違い、経営層の一部は
アジャイルチームを擁護するようになったのだ。「なんでもっと早くやらなかったんだ？」
という言葉まで出てきた。

　私はこの経験を人に話すのが好きだ。たくさんの学びのポイントがあるからだ。私にとっ
ての学びは、いろいろなやり方を試すことの重要性だ。自分と仲間にとって有効だった事
実とデータを集めるだけでは、ほかの人を説得できないこともある。ほかの人の視点を尊
重し、つながる方法を探す必要がある場合もある。

　あなたにはどんな学びがあっただろうか？

79 人間味あふれるスクラムマスターの5つの特性

ハイレン・ドーシ
著者プロフィール p.251

　ご存知だろうが、どんな専門職にも、資格を得て職務を遂行する許可を得るために達成しなければいけないスキルレベルがある。医業を営みたいとか、医師になりたいとか、人を治療したいとか、人命を救いたいとか思う人のためのそれが医学博士だ。実務家が認められた方法で業務を遂行し、自らを専門職の一員であると称するためには、適切な学位が必要なのだ。

　同じように、スクラムコーチ、スクラムマスター、アジャイルコンサルタントなどの資格を認定する、実世界における実践的な経験を証明するための信頼と実績のある教育の学位がある。

　優れた達人となる上で技術的なスキル以上に必要なのは、世界を理解し、必要とされる技術に共感することだ。医師は、その道で技術的に最高位であると証明する学位を持っているだろうが、あなたの言うことに耳を傾けてくれないような人だったら再訪する気にならないだろう。理解を試み、理解に至るのに、自由に答えさせずに自らの経験から探すようなことをされたら？　アレルギーや免疫力、そのほかの健康状態を考慮もせずに薬を処方されたら？

　同じように、優れたスクラムマスター、コーチ、コンサルタントに必要な、目に見えない力というか無視できない圧倒的な特徴がある。

　確約、集中、公開、尊敬、勇気というスクラムの5つの価値基準は、信頼のエコシステムを作り出し、それが組織を繁栄させる。同じように、現在のような常に進化し美しく、ときにカオスな世界において、より優れたスクラムの専門家そして実践者であるための助けとなる5つの圧倒的な特徴がある。

共感

　みんなと時間を共有し、信頼と尊敬を育もう。尊敬は要求されるものではないし、当然肩書きの問題ではない。ポジティブでいよう。広い心を持とう。誰もが自分のできる限り最大限の努力をしているのだと信じよう。

謙虚

　周りの人やチームに喜んで奉仕しよう。彼らの人生に計測可能でポジティブな変化をもたらそう。批判的になるのはやめよう。弱い立場に自分の身を置くことで、

可能性と機会を探ろう。意思決定するときの羅針盤として、自らの経験、エビデンス、データ、事実を利用しよう。

思いやり

周囲に気を配り、地に足をつけ、寛容で親切で、穏やかでいよう。そして周りの人たちを勇気づけ、やる気を刺激しよう。自分自身を信じ、また自らの能力を信じて、ほかの人を巻き込む魅力となるような不思議な力を身に付けよう。

信頼性

正直で、誠実で、偽りのないようにしよう。コピーや模倣は簡単だが、それはあなた自身ではない。想像力と創造力を駆使して、何か新しくて役に立つものをコミュニティに還元しよう。そして、この世界をあなたが最初に見たときよりも少しだけよくしようとしてみてほしい。

寛容

誰にでも間違いはある。傷つき、痛み、憤り、怒りにしがみついていることは、加害者と推定されるよりもあなたを傷つける。そういったものは放っておこう。自らと和解しよう。寛容の術を学び、前に進もう。争いではなく協調の練習をしよう。瞑想の練習をしよう。

　ここまで書いたことを私自身ができているとは言わない。正直、これをマスターするには人生は短すぎると思っている。だが、周囲に気を配ってこの価値基準を実践することで、スクラムマスターやアジャイルコンサルタントとしての自分が助けられたし、あなたの助けにもなることを心から願っている。この5つの特徴ではないとしたら、専門家にとって技術的なクラフトマンシップ以上に重要な価値は何だと思うだろうか？

　アジリティを求めるなかであなたがベストな状態であること、そしてあなたに協力できることを願っている。

80 スクラムの6つめの価値基準

デレク・デヴィッドソン
著者プロフィール p.249

　2019年10月、私は美しい街ウィーンで、認定スクラムトレーナーとスクラムアライアンスのメンバーとのインタビュー[†1]に臨んでいた。インタビューではこんなオープンクエスチョンを投げかけられた。「スクラムの価値基準をもう1つ追加できるとしたら、それは何？」というものだ。

　とても素晴らしい質問ではないだろうか？　以前にこの質問について考えたことはなかったし、インタビューはものごとをじっくり考えられるような環境でもない。それで、ちょっと考えて出した答えが謙虚さだ。

　このときもそのあとも、私が出した答えは、理路整然としていて熟慮を重ねた知的な反応によるものではなく、自分の経験や信念を反映したものである可能性が高い。このことは謙虚さを選んだ理由を考えるきっかけになった。

　私は、教育は素晴らしいと信じている。教育は種としての私たちを高め、知力は私たちの世界をもっとうまく扱う力を与えてくれる。だが、これには影の側面もある。一部では、教育は疎外感や傲慢さにつながることがある。教育が優位性を証明する手段になっているのだ。スクラムのトレーニングや認定バッジの数が増えるにつれて、優越思考や自分たちはほかの人より詳しい「エキスパート」だと考えることにつながった。

　経験上、アジャイルコーチングとスクラムトレーニングは、**人と人をつなぐこと**の上に成り立っている。傲慢は、人と人をつなげる上での重大な障壁だ。

　傲慢の反対が謙虚だ。これが、私が6つめの価値にした理由だ。自分がどれだけ知っていようとも、私の脳はスクラムチーム、トレーニングのクラス、コーチングでの集合的な力にはかなわない。長年の経験も、スクラムで経験したさまざまな環境も関係ないのだ。

　人はみな自分自身であることの専門家である。私は自分にそう言い聞かせている。彼らを支援するには、少なくとも彼らを一部でも理解しなければいけない。

[†1]　訳注：認定スクラムトレーナーになるには、書類審査を通過した上で、年に数回行われるインタビューで合格する必要がある。https://www.scrumalliance.org/get-certified/trainers/overview

私のモットーは、「まず理解に努める」だ。これが、良いスクラム実践者、スクラムマスター、スクラムトレーナー、アジャイルコーチ、そして根本的には良い人間であることに役立つと思っている。

　自分自身や、自分が関わる人たちを向上させる方法の1つとして、謙虚さを勧めたいと思う。

第IX部
組織設計

アジャイルリーダーシップと
81 文化のデザイン

ロン・エリンガ
著者プロフィール p.252

アジャイル開発手法、とりわけスクラムは、ソフトウェアプロダクトの開発の主流となった。VersionOne が毎年行うグローバル調査（https://oreil.ly/dl5KV）の 2019 年版によると、回答者の 72% がスクラムもしくはスクラムを含むハイブリッド手法を利用していると答えた。

スクラムユーザーのうち 83% が、アジャイルの実装がまったく未成熟か、成熟の途中であると答えている。過去数年間、成熟レベルの低さの理由のトップ 3 は以下のようになっている。

- 組織文化がアジャイルの価値観と適合しない
- 組織が変化全般に抵抗する
- マネジメントからのサポート、支援が適切でない

モダンなプロダクトやサービスを開発するには、多くのスキルと、一緒に働く上での規律が必要だ。コラボレーション、知識共有、つながりを刺激するエコシステムが必要だ。デジタル時代を生き残れるかは、ゴールを達成し、インパクトを与えようとするチームにかかっている。個人が集まってチームになるとき、世界の見方が変わるのだ。

リーダーは、リーダーシップのスタイルをアップデートし、同僚たちが集団としてより大きな責任を受け入れられる環境を設計しなければいけない。それが組織の成熟につながる。価値ある高品質のプロダクトやサービスを届け続けることによって顧客を満足させるアジャイルに取り組めるのは、そうなってからだ。

自分たちのリーダーシップのスタイル、ふるまい、そして環境がチームのダイナミクスにどう影響を与えるかを理解しなければいけない。この関係をよりよく理解するのに役立つ研究がある。自分たちの置かれた環境でブレークスルーを発見したとき、人間はどのようなリーダーシップスタイルを育んできたかを調べた研究（https://oreil.ly/6yK6-）だ。

それによると、人類は外部の大きな変化に適合するように社会構造を変えてきたことがわかる。

産業革命により、社会構造は、達成、自己表現、個人業績にもとづいたものに変わった。過去 150 年間、学校、企業、政府は、このような原則にもとづいて、進歩と成功を計測し

てきた。

　インターネット、ソーシャルメディア、携帯電話、自己組織化した知識、ソーシャルコミュニティの発展により、グローバル、国、会社のスケールは大きくなってきた。このような社会構造は、サポート、インクルージョン、ダイバーシティ、分散した意思決定などにもとづく人間中心のリーダーシップを必要とする。

　それでもこれまでの組織の多くは、個人評価、効率、利益、大量生産といった古いリーダーシップ原則にもとづいたOSのままだ。そのようなOSは、チームのコラボレーション、自立、自己組織化、すばやい判断などをサポートするようには設計されていない。

　リーダーとして、自分自身のリーダーシップスタイルについて問わなければいけない。自己組織化を促進しサポートするために徐々に組織構造を変えていくなかで、チームがより多くの判断を下せるようなものになっているだろうか？

　自分たちのリーダーシップスタイルを選ぶことで、チームの一歩先を行き、チームがガラスの壁にぶつからないようにしよう。

スクラムは
82 アジャイルリーダーシップである

アンドレアス・シュリープ
ピーター・ベック
著者プロフィール p.252

アジャイルリーダーシップとは何かを簡単に説明したいと思う。そして、なぜスクラムがアジャイルリーダーシップのフレームワークとして有効なのか、そして実際にどう活用するかについても説明する。

アジャイルリーダーシップとは、変化の速い環境でアジャイルマニフェストの価値に従いながら、ほかの人の判断を導く方法である。スクラムは、組織をアジリティの観点で最適化し、既存の文化をアジャイルの価値に沿うように変革するのを助けるフレームワークだ。スクラムの創始者たちは、アジャイルマニフェストの共同作成者でもある。

スクラムフレームワークは、最低限のルール、作成物、そして3つの役割のリーダーシップ責務を定めている。

- プロダクトオーナーは、投資価値を最大化する判断を下すリーダーの役割である。プロダクトオーナーはチームと組織全体に奉仕し、優先順位付けをすることで集中をもたらす。
- スクラムマスターは、作業システムの能力を改善するリーダーの役割である。スクラムマスターは、組織の能力を全体として最適化し、完璧なやり方を見出すための判断を下すことで、チームとプロダクトオーナーを助ける。スクラムマスターの2つめのフォーカスは、チームの成長を継続することである。
- チームメンバーは、顧客満足を向上させるソリューションを開発する（ほかの開発チームメンバーと共有の）リーダーの役割である。チームがいちばん重要なリーダーの役割であるとも言える。チームが実際の仕事を管理し、実際のソリューションを生み出しているからだ。さらに、チャンスとリスクのバランスをとることで、プロダクトオーナーをサポートする。作業環境の改善点を見つけることで、スクラムマスターを助ける。

これらの3つの力を使って、組織にリーダーシップシステムを作るようにチャレンジするのがスクラムフレームワークだ。この三角形は安定していて、1つに振り切れることはない。そのため可能な限り適応可能な状態を保てる。いちばん重要なことは、あなたがリードするわけではないという点だ。常に全員がリードしていくのだ。

アジャイルリーダーシップを組織に導入するのは、終わりなき冒険だ。実際にやってみるには、以下のアドバイスが役立つだろう。

1. アジャイルリーダーシップを学ぶのにスクラムを使う。本やウェブページからアジャイルの価値を学ぶことはできない。やってみて経験するというフォースフィードバックループがなければ自分のものにはならない。まずは古い習慣を積極的に捨ててみよう。習慣が障害になったり、カオス（https://oreil.ly/Wsk6v）を引き起こしたりしないようにするためだ。変化が起こり続ける複雑なドメインで旅を始めるのが賢いやり方だ。

2. リーダーシップの手本として原則を用いる。複雑なドメインの外にアジャイルリーダーシップの理解を広げるのに役に立つ。原則（https://oreil.ly/lHxuy）と互換性のある方法を選ぼう。たとえば、カンバンやカイゼンのようなリーンマネジメントのプラクティス、継続的インテグレーション、テストファーストのようなエクストリームエンジニアリングのプラクティスなどだ。

3. 問題解決のために、新しいリーダーの役割を作ったり、組織階層を追加したりするという誘惑には可能な限り抵抗しよう。スクラムの提唱するリーダーシップトライアングルを守り、なるべくアジャイルに保てるようにしよう。役割に別の名前をつけるのは可能だが、スクラムで定義されたリーダーの役割に従っている必要がある。

83 スクラムとは組織の改善でもある

カート・ビットナー
著者プロフィール p.252

　スクラムは一般的にプロダクトデリバリーフレームワークだと考えられているが、それには理由がある。チームがスプリントごとに動作する「完成」したプロダクトインクリメントを届ける助けになるからだ。そして、このように考えることは何も悪いことではない。顧客に頻繁に価値を届けることは、チームがスクラムを使って達成できるいちばん重要なメリットの1つだ。

　だが、プロダクトデリバリーだけに注目するのでは、スクラムを侮っている。スクラムは継続的改善のフレームワークであり、リリース可能なプロダクトインクリメントは目に見えるアウトカムの1つだ。しかし本当の力は、チームと組織が顧客に価値を届ける**能力を継続的に改善する**のを助けてくれることにある。

　継続的改善のフレームワークとして、スクラムは3つの側面に着目する。

プロダクトの改善

　理想的には、プロダクトオーナーが付けた優先順位を踏まえて、それぞれのスプリントで動作するプロダクトを届ける。スプリントを繰り返しながら働くことで、スクラムチームはプロダクトが届ける価値を徐々に、かつ継続的に向上させていく。

スクラムチームの改善

　デイリースクラムは、開発チームが何にどうやって取り組むかを調整するための機会だ。スプリントレトロスペクティブはこれをさらに一歩進めて、スクラムチームの検査と適応、次のスプリントでの働き方の改善の役に立つ。

組織の改善

　プロダクトは組織が顧客に価値を届けるための手段だ。時間の経過とともに、組織が顧客について学習するのにあわせてプロダクトやサービスは変わっていく。スクラムは、組織がプロダクトを通じて価値を届けるのを助けることで、マーケットからのフィードバックを使って検査と適応を行い、価値を届ける能力を向上させるのに役立つ。それぞれのスプリントは図に示すように、組織的なゴールに向かって前進するための機会なのだ。

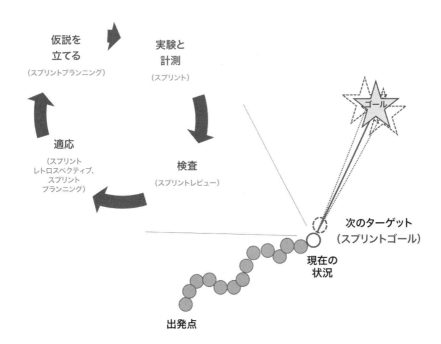

　組織のゴールは不確実性で覆われている。正しいゴールなのだろうか？　達成可能なのだろうか？　どのプロダクトをどの顧客に届けるかという判断や期待する顧客のアウトカムは、どれも組織がゴールに向かって進むための実験だ。また、プロダクトオーナーがプロダクトバックログに対して下す判断は、組織のゴールに対するプロダクトの貢献を改善するための実験だ。

　それぞれのスプリントは、スクラムチームが大きなゴールを追求するために行う一連の実験だ。スプリントゴールは中間目標であり、大きなゴールの1ステップだ。スプリントのあいだ、スクラムチームはゴールへの進捗を追跡し、スプリントレビューでは達成したことを評価する。スプリントレトロスペクティブは、ゴールに向かって進める能力を向上させる方法を探すのに役立つ。次のスプリントを計画するときは、最終的なゴールに近づくための新たな実験を決めるために、学習したことを活用する。

　スクラムは素晴らしいプロダクトを届けるためのものだが、それよりも大きなことを達成するためのものでもある。プロダクトのデリバリーは単なるスタートにすぎないのだ。

84 ネットワークと尊敬

ポール・オールドフィールド
著者プロフィール p.253

　すぐにはピンとこないかもしれないが、スクラムは階層ではなくネットワークのために設計されている。スクラムは、自己組織化を前提として設計されている。スクラムを階層組織に適用しようとすると多くの問題を引き起こす。問題の一面を見てみよう。

　階層組織は、権威の階層があることを前提としている。チームのなかでも年功序列がある。高い階層の人は、知識や経験のレベルに関わらず権威があることになっている。自己組織化をうまく機能させ、結果としてネットワークをうまく機能させるには、関係はピアツーピアであるという考え方をするべきだ。すべての人は、実際には同じではなくても、少なくとも同じであるように扱われるべきである。もちろん、人によってスキル、知識、経験は異なる。階層組織では押し込められていたその違いが、ネットワークを価値あるものにしてくれる。自分たちが知らないことも、ネットワークの誰かは知っているかもしれない。逆に、ほかの人たちが必要なスキルや情報を自分たちが持っていることもあるだろう。情報の流れは双方向だが、一方に流れて行くものが、もう一方から流れて来るものより多いこともある。不均等に見えるが、そこに注目すべきではない。双方がつながりから得られる価値に注目しよう。

　階層型の考え方に長年親しんできた人には、このようなマインドセットの変化は非常に難しい。階層組織では情報の流れの差は昇進に不可欠であり、差を明確にすることこそが階層のなかで報われることだったからだ。

　ネットワークをうまく機能させるには、**尊敬**の原則を確立しなければいけない。尊敬の原則は、スクラムの価値を具体的に解釈したものとして理解してみよう。私がやったのは、「誰もが、本当に誰もが、私が知らない重要なことを知っている」と自分に言い聞かせることだった。最初は信じられなくても、心をオープンにして、周りを見回して、観察してみるといい。思っていたよりそれが本当らしいと気づくだろう。自分に繰り返し言い聞かせて、それを自分の世界全体へのアプローチ、つまり自分の哲学にしていこう。ほかの人を蹴落として自分のアイデアを通そうとするのではなく、みんなと協力して良いアイデアを作り上げよう。誰もが重要なことを知っているという考えからスタートすれば、対話は、みんなが知っていることをオープンにして、良いアイデアや役に立つ考えを引き出すものに変わっていくだろう。

　自己組織化した開発チームで、このやり方が有効なのは明らかだ。ほかのチーム、スク

ラムマスター、プロダクトオーナーとのやりとりに広げてみても役に立つだろう。チームの枠から出ても、組織に大きな価値をもたらしてくれるネットワークなのだ。同じプロダクトに従事するほかのスクラムチームとだけでなく、ほかのプロダクトに従事するチームともピアツーピアの関係をつくろう。組織のほかのコミュニティと関係をつくろう。そして最も重要なのは、組織の外にネットワークを広げることだ。スクラムだろうが、ソフトウェア開発だろうが、ビジネスドメインだろうが、必要としているものならなんでもいい。さまざまな専門性に関して豊富な知識を持ったほかの組織と関係をつくれれば、もっと素晴らしいプロダクト、もっと素晴らしい組織をつくることができる。

　（もし今、階層組織にいたとしても）ネットワークのことをちょっと考えてみてほしい。

安全な（でも安全すぎない）環境での
85 遊びの力

ジャスパー・レイマーズ
著者プロフィール p.242

　かつて私は、社会・文化人類学の修士号を取得するために、リュレッド・ダ・マール（スペインのコスタ・ブラバ）でフィールドリサーチを行った。当時、1990年代前半、この場所は現代のソドムとゴモラのような場所で、セックス、ドラッグ、アルコールにまみれた場所だと言われていた。若者がそこに行くのは、何らかの「成人の儀式」をするためか、少なくとも大人になるための大きな一歩を踏み出すためなのか。私はそれを探ってみたいと思っていた。

　私は、ヨハン・ホイジンガの作品を参考にした。彼は著書『ホモ・ルーデンス』（ランダムハウス、1938）[†1]のなかで、文化は遊びのなかから始まり、遊びによって駆動されるという仮説を立てた。ここで言う**遊び**とは、「日常生活の外側に意識的に存在し、プレイヤーを強烈かつ完全に夢中にさせる自由な活動」と定義した。ホイジンガは、遊びは文化より古いもので、社会的行動の出発点でありエンジンでもあると主張した。

　調査結果は、私自身の仮説をおおよそ裏付けるものだった。調査した青年たちは休日をリュレッド・ダ・マールで過ごし、タバコを吸ったり、夜ふかししたり、アルコールを飲んだり、もちろん誘惑や恋愛を体験したりして、大人の行動をして「遊んで」いた。多くの人は、恍惚とした瞬間を経験したあとで、逃れようのない惨めな感情を味わった。その一方で、彼らはリュレッド・ダ・マールを「遊び場」にして、ものすごいスピードで「大人の知恵」を身に付けていったのだ。

　今思えば、リュレッド・ダ・マールの休日は、「圧力鍋」のようなものだった。遊び場は家から離れていたので、若者たちは自由にすばやく実験・失敗・学習ができたし、うわさになったり「間違った」人に知られたりする心配もなかった。素晴らしい学びの経験となったのだ。失敗すればかなり傷つくものの、安全な環境のなかで起きていることなので受け入れられる。**リュレッド・ダ・マールで起こったことは、リュレッド・ダ・マール限りなのだ。**

　スクラムでも同じことが言える。それぞれのスプリントはある意味で圧力鍋だ。日常の（会社）生活の雑音をできる限り減らして、チームは、決められた時間のなかでの成果の達成に全神経を集中させる。最高の結果を得るには、できる限りすばやく失敗することが不可欠だ。間違った推測をもとに作る時間が長いほど、修正コストも高くなる。これが、スク

---

†1　原著『Homo Ludens』（Random House、1938）

ラムが軽量な構造になっている理由だ。スプリントは相対的に短いもので、デイリースクラムによって学習を見逃さないようになる。

　スクラムのフレームワークがモーターだと考えれば、スクラムの価値が燃料だ。好奇心、大胆な失敗、実験、継続的改善、創造性……。これらはすべて、マインドセット、文化、ふるまいに関するものだ。企業はスクラムの環境が安全であるように支援しなければいけない。信頼して、口を挟まないようにしなければいけない。リュレッド・ダ・マールと同じように、**スクラムのなかで起こることのなかには、スクラムのなかにとどまるべきことがあるのだ。**

　このような安全で集中できる環境は、チームの文化とふるまいを後押しする。数日か、ときには数時間で、一緒に協力する最善の方法を見つけられるようになる。チームの文化の根幹は、圧力鍋のような「遊び場」のなかで作られる。ホイジンガが言っているように、「文化は遊びで駆動されるだけでなく、遊びから始まる」のだ。

　だが、**安全**とは何を意味するのか考えてほしい。**ただ安全に遊ぶ**だけでは賢くはならない。今の能力を確実に超えられるように、相応のリスクを取らなければいけない。プロのスクラム環境では、学びの経験こそがチームにとっての価値かもしれない。だが、スクラムにはもう1つ目的がある。顧客やユーザー、ステークホルダーにとっての価値創出だ。

　プロとしての「遊び場」は、自分たちのリュレッド・ダ・マール、つまり安全だが安全すぎない場所でなければいけない。

86 アジャイルリーダーシップの三位一体

マーカス・ライトナー
著者プロフィール p.244

　スクラムについてあなたがなんと言おうと、スクラムガイドには、アジャイルプロダクト開発におけるリーダーシップの3つの側面が素晴らしく述べられている。

- 価値創造の中心となるのは開発チームで、自律的、自己組織的に働く
- プロダクトの「CEO」たるプロダクトオーナーは、プロダクトバックログを管理するが、もっと重要なのはビジョンと方向性をもとに導くことである
- スクラムマスターはサーバントリーダーとしてプロダクトオーナー、開発チーム、組織にいるほかの人たちを助け、より効果的にコラボレーションできるようにする

　スクラムには従来のマネージャーのような役割はない。全部とは言わないまでも、大部分のマネジメントタスクは3つの役割に分散されているからだ。
　アジャイルにおけるリーダーシップは、追加の役割ではなく、私が**アジャイルリーダーシップの三位一体**と呼ぶ3つの側面に依存している。自己組織化、方針設定、人間的リーダーシップだ。

自己組織化
　アジャイル組織における価値創造は、自律したチームによってなされる。スクラムだから自己組織化が重要なのではない。自己組織化は、アジャイルマニフェストの背後にある必須の原則であり、究極にはリーンの原則をソフトウェア開発のプラクティスに適用した結果でもある。事実、自己組織化は有能なプロダクト開発チームにおける本質的な特徴であり、スクラム（1995）やアジャイルマニフェスト（2001）よりも歴史が深く、ソフトウェア開発だけに見られるものでもない。1986年の論文『The New New Product Development Game』（https://oreil.ly/R64-3）で、竹内弘高、野中郁次郎は、研究対象のなかで最も成功したプロダクト開発チームが備える6つの特徴の1つが自己組織化であると述べた。このチームはコピー機、カメラ、さらには車でさえも、すばやく効果的に開発していた。

方針設定

　自律するには、同じ方向を向くことが必要だ。自己組織化が進むにつれて、共通のビジョンにもとづいた方針設定が求められる。向く方向をそろえられれば、作業を命令するよりもはるかに強力な戦略ができる。この方針設定は、アジャイル組織における本質的なリーダーシップの責務であり、それゆえプロダクトの「CEO」たるプロダクトオーナーの役割がスクラムに明確に反映されている。リーダーシップが指揮命令ではなく目的と信頼にもとづいている限り、自律と方針設定は互いを排除するどころか補完し合い、さらには補強し合う。

人間的リーダーシップ

　方針を定める共通のビジョンに集中するのに加えて、適切なリーダーシップは常にシステミックな側面と人間的な側面がある。人が能力を最大限に発揮し、お互いが緊密に協力しあうことが可能になるシステムと環境を守り育てるのが、リーダーシップの役割だ。それゆえ、リーダーシップはまず人間に仕えるものである。人がよく育ち、成果が上がる土壌を用意する庭師のようなものだ。この役割としてスクラムマスターがいる。過小評価されたり誤解されたりすることの多い役割だが、アジャイル組織にシステミックかつ人間的なリーダーシップを実現する重要な役割だ。

ほかには？

　これまでの組織では、アジャイルリーダーシップの三位一体は、1人のマネージャーに混ぜ込まれていた。個人の嗜好や状況によって、ある側面のみが強調されたり、ある側面が無視されたりして、バランスを欠くことが多かった。スクラムの重要な貢献は、プロダクトオーナー、開発チーム、スクラムマスターというリーダーシップのあいだで権限を明確に分割したことだ。

　アジャイル組織のなかでこの権限の分離をすべてのレベル（プロダクトデリバリーチームのレベル以外にも）に厳格に拡張すると、だんだん、これまでのマネージャーの役割は不要になってくる。権限を分割すること、そして従来の管理的な役割を撤廃することが組織がアジャイルに変化する基準になっているのは、こういう理由によるものだろう。

「メタスクラム」パターンで
87 アジャイル変革を推進する

アラン・オカリガン

著者プロフィール p.240

　自己組織化した開発チームに熟練したスクラムマスターと真摯なプロダクトオーナーが加わり、厳密なタイムボックスで検査と適応を繰り返すだけ。これがスクラムフレームワークの美しさである。そして喜びが始まる。スクラムチームの仕事は、組織に残るレガシーなプロセスとの衝突は避けられず、プロダクト開発プロセスの問題が体系的に明らかになる。そうなって初めて、アジリティを維持し続けるには組織の大規模な変革を行うか、スクラムを導入した人たちが描いた組織のアジリティを上げるのに必要なメリットの多くを諦めるしかないと気づく。

　組織は、それぞれ自身のアジャイル変革の道を見つけ出さなければいけない。だが、多くの組織で出現するパターンがある。「メタスクラム」（https://oreil.ly/LBoXn）だ。

　このパターンの要点は、ジェフ・サザーランド、ジェームズ・コプリエン、The Scrum Patterns Group による『A Scrum Book: The Spirit of the Game』（Pragmatic Programmers、2019）にまとめられている。

> スクラムチームはいるが、レガシーなマネジメント構造からの指示（もしくは干渉）により、プロダクトの内容や方向性の決め方について混乱が生じている……。それゆえ、フォーラムとしてのメタスクラムを作る。メタスクラムでは、組織内のすべての階層のスクラムが、組織全体としてプロダクトオーナーのバックログに沿うように方向づけをする。

　メタスクラムパターンが最初に使われたのは、2003 年の PatientKeeper だ。会社のプロダクトの全ポートフォリオ間の調整をシニアマネジメントが行う定期的なフォーラムとして開始された。CEO は会合に参加したが、干渉することはなかった。だが、見つかった障害は、積極的に取り除いた。3M では、事業本部長がメタスクラムのプロダクトオーナーの役割を担った。デンマークの Systematic、スウェーデンの Saab の防衛部門も、トップマネジメントが参加する似たようなフォーラムを持っていた。

　これらは、完全にスクラムをやっている組織からの例だが、メタスクラムはこれまでの状況でも有効だ。新しいスクラムチームのプロダクトオーナーは、ほかの組織からの要望の大洪水に翻弄されることが多い。マネージャーがプロダクトバックログに手を出そうと

したり、積極的にはスクラムチームをサポートしようとせず、外部ベンダーへの依存を放置したりもする。

このような状況で、メタスクラムによって、組織のあらゆる階層がスクラムチームがやった仕事を踏まえて、方向を合わせられるようになる。メタスクラムでは、マネージャーが新しい要求を提起しつつ、プロダクトオーナーの権限（特にノーと言う権限）を守れる。メタスクラムでは、個々の要求を組織全体の要求と比較することが求められる。メタスクラムに出て初めて、プロダクトオーナーという役割の力、特にプロダクトバックログのマネジメントについての重要性を理解できるようになったと言うマネージャーもいる。その結果、何人かは、プロダクトオーナーとしてのキャリアを考え始めた。

メタスクラムは、プロダクトの方向性を決定する主体ではない。だが、プロダクトをまたがる判断について透明性を提供するハブとなることで、経営層の定めた戦略をプロダクトオーナーがより理解しやすくなる。プロダクトオーナーたちは、自分の計画を見せ合い、ポートフォリオレベルの懸念事項を解消し、プロダクト間の優先度を調整することで、組織全体のビジネスゴールとより適合していることを確認できる。経営層も、それぞれのプロダクトバックログがどう全社目標の達成に貢献するかをより理解できるようになり、（割り込みの原因となりがちな）ミドルマネージャーも、自分の懸念事項と全社の優先事項の関係を簡単に理解できる。まとめると、メタスクラムパターンの適用によって、ビジネスアジリティを達成する組織が育つ肥沃な土壌を育めるのだ。

88 スクラムによる組織設計実践

ファビオ・パンザボルタ

著者プロフィール p.253

　30年以上も生き残ってきた会社は、組織的な習慣ややり方を長年積み上げてきており、短い期間で全体を変えることは不可能な複雑なシステムになっている。

　そのような組織でも、アジリティを向上させなければというニーズは感じていた。それでも、組織システム全体で1つの大きな「アジャイルトランスフォーメーション」の必要があるとは感じなかったし、そんなことをしようとも思わなかった。堅実なプロダクトを1つ選んで、追加開発と進化のためにスクラムを導入することにした。

　達成目標は明確に2つあった。1つめは、選択したプロダクトで、CEOが目指すマーケット投入時間の短縮、品質および顧客満足度の**向上**を達成すること。2つめは、組織での改善点を**明らかにすること**であった。

　プロダクトに関わる全員に研修やワークショップを実施して、スクラムの理解を改善するような活動を続けながら、1年にわたって実験と発見を続けた結果、開発チームのフォーカスは大幅に改善した。品質とスピードが向上しただけでなく、チーム内の相互学習も促進された。そのためにクリアしなければならなかった重要なハードルは、これからチームは選択したプロダクトの専任になるということを組織に受け入れてもらうことだった。

　2つめの目標については、スクラム導入のための重要な障害が明らかになった。見つかった課題は認知しておいてもらうために役員会に提起し続けた。ビジネス部門とエンジニアリング部門のコラボレーションは、改善すべき重要な分野のままだった。プロダクトオーナーシップは、あまりにも多くの人たちに分散しており、ビジョンとディレクションに影響を及ぼしていた。マネジメントによる障害除去の判断は、遅くなりがちだった。従業員はあれこれ抱え込みすぎて、深い実験から学習する能力が制限されていた。従業員へのコンプライアンス圧力が原因で状況を悪化させていた。「成功」は顧客満足のような指標ではなく、内部プロセスをどう順守したかで判断された。

　すべての人がスクラムの価値を理解して、アジリティ向上を目指す会社の旅にあらゆる方法で絶えず貢献することがなければ、私たちの実験は達成できなかっただろう。この旅は長くなる。どんな小さな改善でもうれしい。

　役員会のメンバーの1人が、スクラムの価値を信じ、私たちを助け、サポートしてくれたのは、この実験に不可欠だった。組織をよく知っている人が推進側にいてくれて、新たな道を開き、障害を取り除くためのさまざまなアプローチを試そうとしてくれるのは、も

のすごく助けになる。さまざまな組織レベルで実験のバーを上げられたのが成功要因の1つだ。

　スクラムには、組織がどうあるべきかといったルールはない。だが、組織のアップデートなしにスクラムを使って、マーケットへの投入時間の短縮、品質や顧客満足度の向上を実現することはできない。私たちは、その生きた証拠になれたのではないかと思っている。

　あなたの組織で何が起こるか、私は興味津々だ。

1. スクラムがもたらす組織への最大のインパクトは何か？
2. あなたが今日していることで、スクラムで改善できそうなことはあるか？
3. あなたが期待していることで、スクラムが達成の役に立たないと思うものは何か？

89 大きく考える

ジェームズ・コプリエン
著者プロフィール p.241

スクラムガイドで元々説明されているスクラムは、1 チームで複雑なプロダクトを開発し、提供し、保守するためのフレームワークである[1]。

大組織がアジャイルの分け前にあずかろうとするにつれて、巨象も踊らせられるとうたうスケーリングフレームワークが出てきた。軍隊的な階層組織と同じような意味でよいなら、そのようなフレームワークもうまくいくかもしれない。しかし、階層組織はアジャイルの個人と対話という価値観とは相反する。Scrum@Scale のチームのチームという階層構造では、それぞれのノードに 5 つのサブノードが含まれる（ほかのチームや個々の開発者）。625 人の組織では、平均の開発者間の距離は 7.5 ホップになる。スモールワールド理論[2] によれば、地球上のすべての人間は最大でも 6 ホップにすぎない。Scrum@Scale では、たった 625 人で、社会が地球上の 80 億人に提供しているものよりも劣る接続構造を作ってしまう。

だが、スクラムでの開発がそんなに大きくなる必要はほぼない。スケーリングのよくある言い訳は、小さなグループでは知的能力の限界も小さく、複雑なプロダクトのスコープを扱いきれないという思い込みだ。それでも人の心に限界はない。ほかには生産性を言い訳にする。スクラムの語り手たちが、カイゼンによってベロシティが桁違いに上昇すると話してもだ。より良いプロセスと、より大きな組織のどちらを選ぶ？ と聞かれたら、答えは明白だ。Borland QPW[3]、Skype など、小さなチームでも大きなプロダクトを開発する能力があると証明した例は多い。

とはいえ、開発者 5 人、プロダクトオーナー、スクラムマスターだけでビジネスができるわけでもない。流通チャネル、セールス、マーケティングも必要だろう。良いプロダクトオーナーは、モデル店舗、アナリスト、その他多くの人たちを含むチームを持っている。給与や年金の計算をしてくれる人もいる。顧客の手を握っていてくれるサポートもいる。開発からそれらを切り離しても大丈夫なふりをするが、「それを作れば、彼らはやってくる」という昔の神話にすぎない。

---

[1]　Jeff Sutherland, "The Scrum At Scale® Guide," Nov. 26, 2019, https://oreil.ly/UKQpB.

[2]　"Small-world experiment," Wikipedia, last updated Feb. 21, 2020, https://oreil.ly/jWpni.

[3]　James Coplien, "Examining the Software Development Process," Dr. Dobb's 19(11) (Oct. 1994): 88–95.

最近では、さまざまな人たちが開発とつながらなければいけない。それは、**エンタープ
ライズスクラム**と呼ばれる。階層によって、つながりが切れたりはしない。

　スモールワールド理論では、どう扱っているのだろうか？　答えはハブにある。インター
ネットの出現により、ウェブページのつながりにはパターンがあることがわかった。非常
に少数のノードが、非常に多数の接続を維持しており、それにより全体がつながっている
のだ。そのようなネットワークを**スケールフリーネットワーク**[†4]と呼ぶ。Wikipediaのカー
ル・カスティロによる図では、**ハブ**がハイライトされている。それぞれのネットワークに
は複数の「トップ」がある。なので、組織構造にも使えるだろう。

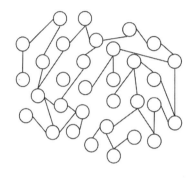

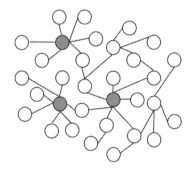

ランダムネットワーク　　　　　　　　　スケールフリーネットワーク

　アジャイルエンタープライズを運営するカギは、そのようなハブを導入し、潜在的なハ
ブを育むことにある。最もつながりが少ないマネージャーを介してコミュニケーションを
伝送することではない。スクラムをスケールするアプローチには、スクラムオブスクラム
のようなハブが含まれているが、スケールフリーになるには十分な数ではない。

　ギルド。システムテスト。アーキテクチャー。コードスチュワード。冷水機。どんな物
が良いハブになるだろう？　マネジメントは特に重要だ。権限委譲プログラムでマネジメ
ントのつながりを弱めると、チームにまとまりがなくなる[†5]。アジャイルとは、その時その
時の極論には与せず、これまででうまくいったものを尊ぶことなのだ。

---

†4　"Scale-free network," Wikipedia, last updated Feb. 25, 2020, https://oreil.ly/b-haU.
†5　Charles Heckscher, "The Limits of Participatory Management," Across the Board 54 (Nov.–Dec. 1995).

第Ⅹ部
スクラム番外編

スクラムの起源は、あなたが思っているのとは違うかも

ラファエル・サバー
著者プロフィール p.240

スクラムをソフトウェア開発に適用したらこんな感じになるだろう。従来のそれぞれの開発工程から、注意深く1人ずつメンバーを選んでチームを作る。チームに解決したい問題の説明を渡す。これまでの半分の予算と納期で、ほかのシステムより倍は良いシステムを作れと伝えて、チームを不安にさせる。次に、やり方を決めるのもチームの仕事だと言う。

—— 『Wicked Problems, Righteous Solutions』Peter DeGrace、Leslie Hulet Stahl

(Prentice Hall、1990)

現在知られているフレームワークとしてのスクラムが公式に発表されたのは、1995年だ。ジェフ・サザーランドとケン・シュエイバーが1992年に始めた開発のやり方をまとめたのがスクラムだ。ジェフ・サザーランドとケン・シュエイバーは、ハーバードビジネスレビューに掲載された、竹内と野中による論文『The New New Product Development Game』[†1] を頻繁に引用した。日本人のビジネス分野の教授が、新たなプロダクト (車、プリンター、コピー機、PCなど) を開発している企業を調べ上げたのだ。論文のなかで、著者は新しいプロダクトの開発をうまくやっている企業の開発チームがどのように仕事しているかを説明するのにラグビーのアナロジーを用いた。中心にあるのは、自己組織化と、自己組織化を成功につなげる境界だった。

スクラムとは、ラグビーでプレイを再開するときにボールが投入されるときのフォーメーションだ。論文ではこれがメタファーとして使われた。1995年にフレームワークの名前を決めるとき、スクラムの作成者は、ここからインスピレーションを得た。

そう言われている。

ジェフ・サザーランドとケン・シュエイバーは、ストーリーのすべてを語っているわけではないようだ。『Wicked Problems, Righteous Solutions』という書籍が1990年に出版された。冒頭で紹介したとおり、竹内、野中の論文のプラクティスをソフトウェア開発に利用するアイデアを導入したのはこの本なのだ。この本が、新しい仕事のやり方をスクラムと呼び始めたのだ。

[†1]　Hirotaka Takeuchi and Ikujiro Nonaka, "The New New Product Development Game," Harvard Business Review, Jan. 1986, https://oreil.ly/kBq_y.

公正のために言っておかなければいけないこととして、この本自体にはアイデアを実際に使うための詳細や方法は含まれていない。著者はウォーターフォールがソフトウェア開発でうまくいかない理由を説明し、考えうる代替案を提案している。そのなかに彼らがスクラムと呼ぶものが含まれていたのだ。

　ジェフ・サザーランドとケン・シュエイバーは、1990年代の前半に実際のスクラムフレームワークの作成を進めた。実際の経験にもとづいて、ルール、役割、イベント、作成物を定義した。それから、スクラムを進化させ、保守し続けた。スクラムは彼らの功績だ。

　ジェフ・サザーランドは、スクラムの初期に、『Wicked Problems, Righteous Solutions』を少なくとも2回引用している[†2]。ジェフは、この書籍がイーゼルコーポレーションでのスクラム導入に大きな影響を与えたことを強調している。だが、残念ながら、著者たちは、当然与えられるべき功績を認められておらず、その貢献の重要性は時間と共に失われてしまった。竹内と野中の論文をソフトウェア開発に適用すべきとて声を上げたのは彼らであり、スクラムが今の名前になったのは彼らの功績なのだ。

---

†2　Jeff Sutherland, "Agile Can Scale: Inventing and Reinventing SCRUM in Five Companies," Cutter Business Technology Journal Vol. 14, 2001: pp. 5–11; and "Agile Development: Lessons Learned from the First Scrum," Cutter Agile Project Management Advisory Service: Executive Update Vol. 5, No. 20, 2004: pp. 1–4.

91 「スタンディングミーティング」

ボブ・ウォーフィールド
著者プロフィール p.253

　私がデイリーミーティングと、のちにクアトロメソッド（https://oreil.ly/SfpLe）となった活動の多くを始めたのは、ライス大学時代（1979 ～ 1983 年）にスチュアート・フェルドマンの講演を聴いてからだ。

　フェルドマンは 1976 年にベル研究所で、UNIX のビルド自動化ツールである Make を開発した。そして、Make とは本当は何なのかについて驚くべき視点を示してくれた。多くの開発者が一緒に効率的に働くのを可能にする方法だという視点だ。彼の主張は、7 ± 2 人以上の開発者が一緒にうまく働く方法はないというものだった。知ってのとおり、電話番号は 7 桁だ。それが平均的な人間の短期記憶の容量だからだ。良いメニューデザインは 7 個を超える項目にならないように推奨している。さもないと最後の項目を読んだときに最初の項目を忘れてしまうからだ。フェルドマンはソフトウェア開発を主に**コミュニケーションの問題**と捉えていたので、何人の開発者が一緒に働くことができるのかという点についても同じ考え方を適用した。

　すばやく動かなければいけない小さなスタートアップを自分が立ち上げたときに、フェルドマンの言う「コミュニケーションのボトルネック問題」が頭をよぎった。そこでは、大量の仕様書やドキュメントを書く時間などなかった。人手も足りなかったし、目標も揺れ動いていた。重要なのは、流動性を保ち、反応性が高く、データ駆動でいることであり、最初に作った歴史的で漠然としたビジョンに惑わされないようにすることだった。そのため、私たちはコミュニケーションの問題に正面から取り組むようにした。毎日開発者全員の状況を確認しなければいけなかったのだ。

　私たちはそれを**スタンディングミーティング**と呼んだ。誰も計画を立てたり、スケジュールを設定したり、カレンダーに入れる必要がなかったからだ。実際に立たなければいけなかったからではなく、ミーティングがいつもあったのでスタンディングと呼んでいた。

　私たちのスタンディングミーティングは迅速な非公式のコードレビューの役目を果たし、お互いのシステムについて質問したり、設計上の選択の理由を質問したりする場になった。誰かが書いたコードが、ほかの誰かが書いたコードとやりとりする必要があるかどうかには、特に注意を払った。早すぎる最適化を行わず、いまいちなアーキテクチャー上の判断を避けるのに大いに役立った。このような議論のおかげで、設計について多くのことを学び、何をテストすべきか、どうテストするのがよいかを考えながら設計を改善できた。

ふりかえって考えると、集合の叡智を使って難しい問題に対処していたのだ。自分たちが抱えている問題を全員がオープンにしたことで、そこから学習しつつお互いに助け合うことができたのだ。目標にすばやく達成するためのホットスポットや課題を特定し、大きな問題になる前に早期にそれに取りかかるのに役立った。

　名前がどうあれ、デイリーミーティングは開発者のためのものであり、マーケターが開発者に説明責任を持たせるための場ではない。私の経験上、後者を許してしまうのは、アジャイルが失敗する大きな要因の1つだ。

スクラム：問題解決手法
かつ科学的手法の実践

シ・アルヒア
著者プロフィール p.253

「スクラムとは何か？」　本質的な質問には、本質的な回答が必要だ。

　スクラムは、マクロレベルの問題解決とミクロレベルの科学的手法を融合させたもので、複雑な領域で有効だ。役割、イベント、作成物とそれらをつなぐルールによって、問題解決と科学的手法を融合させたフレームワークだ。これによって、複雑な環境、複雑な仕事、複雑な結果に立ち向かう。

　因果関係にギャップがあるところに複雑性がある。原因と結果のあいだにある環境、仕事、成果などのコンテキストにギャップがあるのだ。環境、仕事そのもの、生み出されるソリューションに未知のことがあるかもしれない。そしてそのような未知は、問題解決手法と科学的手法を組み合わせながら**仕事をしてみないと明らかにならない。**

　問題解決のエッセンスは、問題に対する解決方法を発見し、定義し、開発し、届けることにある。科学的手法のエッセンスは実験にある。問題解決と科学的方法の融合とは、問題のソリューションを実現するために実験することであり、そのギャップに取り組むことである。

　問題解決と科学的手法を組み合わせるには、アクション（Action）、意図（Intention）、結果（Results）が必要になる。それぞれの頭文字をとって AIR だ。アクションがなければ何も実現されない。意図がなければ方向が定まらない。結果はアクションと意図の成果である。

　AIR の視点からスクラムを見てみよう。

　複雑さに立ち向かうため、結果オーナー、アクションチーム、ダイナミクスオーナーが提携し、実験しながら価値あるソリューションを実現しようとする。

　結果オーナーは結果を追求し、価値ある結果を定義するためにアクションチームを巻き込む。意図は目指す結果として示される。結果に必要な意図をすべて含むリストがある。結果はそれぞれの意図が実現されたものである。すなわち問題解決への表明が意図であり、結果は実際のソリューションである。

　アクションチームはアクションを追求し、結果オーナーを開発と結果としての価値の提供に巻き込む。アクションは、意図にもとづいてどのように結果が実現されるかを示す。アクションチームは、結果を生み出すための最良の方法を自ら選ぶ。すなわち、チームは自己組織化する。アクションチームは、結果を実現するためのすべてのコンピテンシーを

持つ。すなわち、チームは機能横断的である。実験はアクションを通じて表現される。

　ダイナミクスオーナーは、実際に仕事をする環境での、結果オーナーとアクションチーム間のダイナミクスを追求する。結果オーナーとアクションチームは、一緒に同じ方向に走ったり、足を引っ張りあったりもする。ダイナミクスオーナーは、結果オーナー、アクションチームと一緒に働き、成功への進捗を確実にするために働く。

　イベントは、結果オーナーとアクションチームのあいだのリズムを作る。全体にタイムボックスを設定したイベントは、全員をゴール達成へ集中させる固定された期間のコンテナとして働く。それぞれのタイムボックスは、プランニングイベントから始まり、定期的なタッチポイントで同期し、進捗をデモするレビューイベントと改善のためのレトロスペクティブイベントで終わる。

　「スクラムとは何か？」という質問に対する答えは、スクラムは開発手法の1つと呼ぶよりおもしろいものになる。スクラムは、問題解決と科学的手法の融合であり、複雑な世界で働く指針となる。スクラムは結果オーナー、アクションチーム、ダイナミクスオーナー、意図を含む意図バックログ、アクションを含むアクションバックログ、結果、そして、それらをつなげるイベントから定義されている。

93 スクラムイベントは豊作を確かなものにする儀式だ

ジャスパー・レイマーズ
著者プロフィール p.242

　もし、マーガレット・ミードがスクラムイベントに参加したら、人類学者としての彼女の興味を間違いなく引いただろう。このエキゾチックな儀式にはどんな意味があるのだろうか？　ここに集まった人たちは、どんな神秘的な方法で集団のアイデンティティに貢献しているのだろうか？　この儀式を支配する巫女のような女性は誰なのだろうか？　「スクラムマスター」というステータスは、隠し持ったタトゥーに由来するのだろうか？　このプロダクトオーナーという人は誰なのだろうか？　「オーナー」と名乗るまでにどんな敵と戦い打ち破って来たのだろうか？　彼女はすぐに、このタトゥーが実際にはオンラインで手に入れることのできるバッジや認定証であり、プロダクトオーナーは組織的な評価を踏まえて会社から委任されたものだと知るだろう。

　彼女はスクラムイベントが繰り返しの儀式であることに気づくはずだ。チームはタイムボックスによる境界を活用して、自分たちが素晴らしい方向に進めるように検査し、必要に応じて適応する。チームはほかの人のためにプロダクトを作ったり維持したりするが、そのプロダクトは投資を正当化するために魅力的でなければいけない。**スクラムイベントは豊作を確かなものにする儀式なのだ。**

　人類学的に見ると、儀式は人を縛り付ける。儀式は集団における社会的緊張の対処になることが多い。儀式は、日常の範囲を超えて行動するための、コントロールされた機会を与えてくれるのかもしれない。境界線をはっきりさせるためだけに、人はコントロールされたやり方で、自分たちの核となる価値観の境界線を意図的に越えるのかもしれない。彼女の著書『Pieces of White Shell』(University of New Mexico Press、1987)のなかで、テリー・テンペスト・ウィリアムスは「儀式とは調和を回復する公式である」と書いている。儀式とは始まり（誕生や結婚）や終わり（葬式、離婚）のように一度きりのものもあれば、誕生日のように繰り返しのものもある。多くの儀式は、神に繁栄を求めるといった宗教的なルーツを持つ。儀式は、集団に最大の恐怖や希望を伝えるのに役立つ。

　神に山芋の豊作を願う儀式として有名で珍しいのが**ナゴール**だ。太平洋の国バヌアツで毎年行われるイベントである。ランドダイビングとしても知られている。少年を含む男性が木の台を30メートルの高さまで登る。足首にツルを縛り、安全装置なしで飛び降りる。酷い骨折をすることも多く、ときには死に至ることもある。この儀式は、神々を喜ばせて、その見返りとして豊作の祝福を受けるというものだ。人類学的に見ると、これには別の意

味もある。男は自分の強さや勇気、男らしさを示す。つまり自分の地位を誇示するのだ。少年は、もう自分は子供ではないことを示す。だが、男らしさだけでない。ナゴールで集団の利益のために自分の命をかけることで、集団のアイデンティティを強化しているのだ。さらに、歌もあれば踊りもあり、食事や飲み物の用意もある！　そして、最近は……お金だ。怖いもの見たさで、ナゴールに多くの観光客がやってくるのだ。

　スクラムイベントには、世界中の儀式と同じように、儀式の目的とルールがある。スクラムイベントは一定のリズムで同じ場所で行う。すべてのイベントは、調和と団結を強い状態に復元し、豊作を確かなものにする機会を提供してくれる。ナゴールの経験と比べると興奮度合いは少ないかもしれないが、幸いなことにチームメンバーは自分の命を危険にさらすことはないし、プロダクトオーナーはプロダクトに対するオーナーシップを主張し、強調するために他人と争う必要もない。そして何よりも、スクラムチームは神が自分たちを救ってくれるとは思っていない。スクラムチームは儀式を利用することで問題を自分たちの手に委ね、豊作を確かなものにするのだ。

外部業者と一緒に
94 スクラムをやった方法

エリック・ナイバーグ
著者プロフィール p.254

　スクラムチームは同じ場所で働かなければいけないとか、同じ会社の人でなければいけないと言う人は多い。だが、そんなことはない。スクラムは複雑な問題を解決するためにある。複数の会社のメンバーが分散したチームに所属して働くと、問題はさらに複雑になる。だからこそスクラムの出番だ。

　Scrum.org（https://scrum.org）の新しいウェブサイトを開発するのに、複数の場所から知識と才能を集める必要があった。使いたい技術を持った外部業者を探すだけでは足りず、一緒にスクラムをやれるパートナーを求めていた。当たり前の話だ。

　スクラムのルールだけでなく、少しだけ仕事の条件に注意を払うだけで、いろいろやりやすくなった。

　外部業者と契約条件の交渉をしているとき、最初から18か月のプロジェクトへのロックインを求められるのは嫌だった。プロジェクトが進むにつれて、学習して進化したいからだ。しかし、契約についてのある程度の保証が欲しいという外部業者の言い分も理解した。合意点を見出すのは難しくなかった。4週間前（1〜2スプリント）前までに通知すれば、契約の延長やキャンセルができるオプションを付けて、複数スプリントをまとめて契約することにしたのだ。

　私たちのスクラムチームは、機能横断的なだけでなく、組織横断的だった。Scrum.orgからプロダクトオーナー、外部業者からスクラムマスター、開発チームは両方から参加してチームができた。開発者が両方から参加することで、Scrum.orgのウェブサイトを長期にわたってメンテナンスするのに必要な知識とスキルを移転するのに役立ったし、外部業者のエンジニアが既存のシステムを理解するのにも役立った。

　スクラムチームは、3つのタイムゾーン、アメリカとカナダの6つの州にまたがっていたが、それが成功の妨げになることはなかった。

　チームがどのように分散しているかを考慮し、集中的にコミュニケーションする方法を見つける必要があった。インスタントメッセージ、コードレビュー、バージョン管理、グループもしくは1対1の画面共有付きのビデオミーティング、バーチャルスクラムボードなどを利用した。違う会社の個人がダイナミックに毎日、いつでも情報を共有できるようにした。

　全員のスクラムについての認識をそろえるために、明確なワーキングアグリーメントを作るのに時間を使った。これは非常に重要で価値があることがわかった。多くのメンバー

にとっては、同じ場所におらず、会社が違うだけではなく、一緒に働くのが初めてだったのだ。「ワンチーム」になることで、これまでの業者との関係性を乗り越えることができた。同じタイムゾーンのチームメンバーが集まれるデイリースクラムをスケジュールし、2週間スプリントのリズムのなかで決定を下していった。

新しい技術、古い技術のキャッチアップのスピードを速めるために、チームはペアリングすることにした。結局、最後までペアリングをし続けることになった。非常に強力だったからだ。チームの一体感が増し、知識移転を進め、それぞれのメンバーが複数の専門領域を持てるようになるのに役立った。

何よりも大きかったのは、プロダクトを本当に所有するプロダクトオーナーと、何ごとにも挑戦し全員を巻き込むスクラムマスターが力を発揮したことだった。まずはスプリントゴールに集中しながら、いろいろなステークホルダー（外部ユーザー、内部ユーザー、パートナー、ユーザー候補）から大量の中間フィードバックを得て、新しいウェブサイトを漸進的に届けていくことができた。

95 警察の仕事にスクラムを適用する

シュールト・クラネンドンク
著者プロフィール p.254

　スクラムは、経験的なプロダクトデリバリーのフレームワークとして知られており、IT
プロダクトの開発によく使われている。ほかにも、スクラムは、人事、マーケティング、警察、
教育（eduScrum）、企業の運営など、さまざまな複雑適応系の問題を解決するのに使われ
ている。

　私は、サイバー犯罪の摘発と予防を任務とする警察のチームのスクラムマスターとして
働くなかで、スクラムの必須の作成物であるインクリメントをIT以外のコンテキストでど
う捉えるべきかを考えるようになった

　最初は、インクリメントはトリッキーなコンセプトだと感じるだろう。インクリメント
はプロダクトの1バージョンであり、スプリントのなかでスクラムの開発チームが作る、
と考えている人が多いからだ。だが、スクラムガイドを読んでみると、IT以外に適用する
余地が十分にあることがわかる。

> インクリメントは、完成していて、検査可能なものであり、スプリントの終了時の経
> 験主義を支援するものである。インクリメントは、ビジョンやゴールに向かうステッ
> プである。

　驚くかもしれないが、インクリメントがソフトウェアであるとかITのコンセプトである
とは、まったく書かれていない。説明は極めて抽象的なものだ。まとめると、以下を満た
すアウトプットを出す。

- 検査できる
- 価値があると考えられる
- 「完成」している
- ビジョンやゴールを達成するための一部である

　インクリメントの特徴を警察の仕事に当てはめてみて、インクリメントというアイデア
を変える必要はないとわかった。

犯罪捜査

犯罪捜査（犯罪者の処罰につながる）では、検察官が利用でき、裁判所で証拠採用されるファイルや説明というアウトプットを警察チームが作ることとした。そのような証拠を固めるプロセスでは、警察チームは正当かつ体系的なログを残し、どう証拠が集められたかの説明が必要だ。作業の一部として、関係する変更やデータは、IT システムに入力が必要だ。スプリントの終わりに、そのようなファイルが「完成」状態であることをゴールとした。有用な証拠となるもので未登録のものや欠けているものがあってはいけない。

ログと作成されたケースファイルがアウトプットであり、裁判の起訴という形の抑止効果を通じて、世界を少しだけ公正で安全な場所にするというビジョンの達成を助ける。

犯罪予防

犯罪予防で、警察のチームが作るアウトプットは、イベントや刊行物であることが多い。サイバー犯罪に巻き込まれないように、市民や組織を教育するのに役立つものだ。このような公開情報には、内容、グラフィック、言葉使いなどのルールやレギュレーションが定められていて、それに従う必要がある。スプリントの終わりごとに、それ以降の作業を一切行わずとも犯罪予防活動に使えるイベントや刊行物ができ上がるようにしたかった。実際に公開するには、数スプリントにわたる追加や変更が必要になりそうだった。

サイバー犯罪の影響を最小化するという重要なビジョンの達成のためにチームは働いた。サイバー犯罪を予防する方法を共有するというのが重要な戦術だった。サイバー犯罪を割に合わなくするのだ。

警察の仕事にスクラムを適用し始めたが、まだまだ発展途上だ。インクリメントを通じて透明性を生み出せるスクラムを活用して、これからも改善の機会を探していきたい。

生まれながらのアジャイル：
96 教室でのスクラム事例

アルノ・デルハイ
著者プロフィール p.254

　アジャイルコーチやスクラムマスターとして、あなたは仕事で抵抗にあったことがある
はずだ。私たちは、企業のなかでキャリアを築いてきた人たちと一緒に仕事をして、スク
ラムを適用することでアジャイルに仕事ができるように支援している。そのやり方に一目
惚れして、すぐに夢中になってスクラムを受け入れてくれることもあるが、多くの場合、
抵抗に直面する。私たちは、関係する人たちに新しいことを教え、新しい働き方を取り入
れなければいけないと感じている。アジャイルコーチやスクラムマスターとして、適応性
や自己組織化という観点で、どうすればアジャイルでいられるかを教えなければいけない
と思っている。だが、それは本当なのだろうか？　私たちは、コマンドコントロールでの
働き方しか知らない伝統的な企業の伝統的なコンテキストに反応する能力しか持っていな
いのだろうか？　私たちの DNA は与えられた計画や指示に従うしかないように制限されて
いるのだろうか？

　あなたは計画に従うことで、歩いたり自転車に乗ったりできるようになったのだろうか？
違う！　トライアンドエラー、つまり検査と適応を繰り返したはずだ。驚くことに、6歳ま
での人間の活動の多くは、（たび重なる）失敗とそこから学習したことへの適応にもとづい
ている。6歳くらいになって学校に通うようになると、状況は変化し始める。革新的で新し
いやり方を取り入れている学校もあるが、多くの学校ではコマンドコントロール型で教え
ていて、学習する子供たちにほとんど、もしくはまったく自主性を与えていない。ある意
味では、私たちは学校に行くまではみんな**アジャイル**（適応性があり自己学習できる）だっ
たとも言える。しかし、学校に行き始めると、そのアジャイルの能力をみんな家に置いて
きて、言われたとおりのことをするしかなくなったのだ。アジャイルコーチやスクラムマ
スターは、人が本来持っていて長いあいだ抑圧され埋もれていた能力を掘り起こすという
困難に直面しているのだ。

　子供たちがアジャイルなやり方で学習できるようにすることで、その能力を維持しつつ
将来の仕事に備えるのはどうだろうか？　アジリティとスクラムを取り入れた教育の取
り組みは多数あり、スクラムを使っている子供たちの成果は目を見張るものだ。自分たち
の学習に主体性を持ち、バーンダウンチャートを使って学習目標に対する進捗を明らかに
する。スケジュールが遅れていればすぐにそれがわかるので、元に戻す時間も余裕もあ
る。スケジュールより進んでいても、一生懸命続ける。この考え方によって、内発的動機

が生まれて育つ。プロセスや学習者としての自分自身をふりかえる時間をとりながら、小さなチームで学習課題に熱心に協力しながら取り組む。有名なフレームワークの1つであるeduScrum（https://oreil.ly/MbERJ）では、「完成」の定義を（ワーキングアグリーメントとしての）「楽しさの定義」で補っている。素晴らしいスクラムチームと同じように、eduScrumのチームも早期に成果を挙げる。自分たちの作業を**どう進めるか**を決められる自律性を好んでいるのだ。

　組織や企業のアジリティに投資したいのであれば、できるだけ早い段階でスクラムのトレーニングをするのがよいだろう。再びアジャイルになる方法を教えるのではなく、本来持っている**アジャイル**の能力を殺さないように子供の頃から始めるのはどうだろうか？

eduScrum を使った
教育現場でのアジャイル

ウィリー・ワイナンズ
著者プロフィール p.254

　スクラムは今日の変化の激しいマーケットのニーズにあったもので、さらに重要なことにアジャイルのマインドセットを備えたものである。これからの労働者はこのような変化の激しいマーケットでの課題に取り組み、働き方も変えていかなければいけない。だが、残念ながら現在の教育システムはこのような進化を見過ごしていて、教育が提供するものとマーケットが求めるもののあいだに大きなギャップが残ったままだ。

　eduScrum（https://oreil.ly/MbERJ）は教育システムにスクラムを適用するもので、教育システムとマーケットの要求とのあいだのギャップを縮めるものだ。

　eduScrum の根底にある原則は自律と信頼だ。子供たちには責任を取る能力があり、従来のシステムが想像している以上に独立してチームで一緒に作業ができる。生徒は自分たちの学習プロセスのオーナーシップを取るように任されると、自分たちのすることに責任を持つようになる。教員としては、その場にいてファシリテーションしたりコーチングしたりできるようにしておきつつ、彼らが必要な自由と場所を与えるのだ。

　私は、個性を伸ばすことが出発点だと考えている。この土台を足掛かりに、生徒は積極的に関わることができるようになっていく。元来備え持ったモチベーションを高めることで、彼らはより生産的になり、楽しみながら成果を得られるようになるのだ。

　eduScrum はアクティブで協調的な教育プロセスだ。eduScrum では固定のリズムで課題を設定し、スプリントで作業を進めていく。生徒は自律的に自分たちの活動を決める。それには進捗を自分たちで把握することも含まれる。教員は学習目標に沿って課題を設定する。だが、eduScrum の教員は単なるインストラクターではなく、コーチングしたり、教えたり、ファシリテーションしたり、アドバイスを与えたりする。eduScrum は教育をひっくり返したのだ！　教員主導の教育から、生徒主導で生徒自身が組み立てた教育に移行したのである。教員は「なに」と「なぜ」を決め、「どうやって」は生徒が決める。生徒自身が「どうやって」だけでなく「なに」と「なぜ」も決めている状況に遭遇したこともある。

　生徒たちは自分がどんな個性や才能を持っているか、どんな能力を持っているかを発見する。生徒たちが自分自身で成長していく姿を見るのは素晴らしい経験だ。eduScrum を使って作業を進めている生徒たちは、大きな成長を遂げることもわかった。彼らは、小さなチームで作業したり、自由に使えるリソースの使い方を見つけたりすることを通じて、自分の資質を知る。またエンゲージメント、コミットメント、責任の力を理解するように

なる。自分自身でふりかえるだけでなく、同級生にフィードバックをして、継続的に自分
やチームの作業プロセスを改善することで、力をつけていく。

　私は教員として、チームが行き詰まったり間違った方向に進んだりしているときだけ関
与する。まず、彼らが何を理解していないかがわかるように手助けする。そして、彼らが
未知のことを探索しながら、先に進んだり、軌道修正したりするのを手伝う。彼らが理解
していなかったことが全部わかれば、彼ら自身で知識を求めるようになる。これこそが私
にとって本当のティーチングである。

第XI部

日本を中心に活動する
実践者による 10 のこと

まだ分担した方が効率がよいと 01 思ってるの！？

及部 敬雄
著者プロフィール p.255

　モブプログラミングとは、チーム全員で、同じ仕事を、同じ時間に、同じ場所で、同じコンピューターですることである。

　私はアジャイル開発に取り組みはじめて数年たったあとにこのモブプログラミングと出会い、そして衝撃を受けた。私たちはそれまで「分担した方が効率がよい」という思い込みのもとで、いかにうまく分担するかゲームをしているに過ぎなかった。それはウォーターフォールやアジャイル開発においても変わらない。

　この思い込みの呪いがどこから来ているのかに興味を持った。当初は社会人経験の中で分担作業を覚えていくという仮説を持っていた。ところが、学生や社会に出たばかりの新卒がチームワークをする際にも、まず作業を分割して人に振り分けるところから仕事をはじめる場面に何度も遭遇した。おそらくこの呪いはもっと根深いところから来ているのだろう。

　なぜ「分担した方が効率がよい」という思い込みを持ってしまうのか。3人チームの場合、チーム全員で一緒に仕事をするよりも分担をした方が3倍速いと考えてしまいがちである。ところが、実際には、仕事を分担するためには、仕事を分担してアサインする作業や分担したあとに仕事を同期する作業が発生する。コミュニケーションミスが発生した場合は手戻りによってもっと時間がかかる。仕事やチーム次第では、分担することでかえって効率が悪くなる可能性は十分にある。

　効果についても考えてみる。分担作業中に個人が得たノウハウはそのまま何もしないと属人化してしまう。またチームに新しいメンバーが加わった場合は、自立して分担作業ができるようになるまで誰かがサポートをする必要がある。モブプログラミングは、これらの課題を仕事を進めながら同時に解決できるチャンスがある。

　もちろんモブプログラミングがベストであると言いたいわけではない。どちらが効率がよいか、どちらが効果があるか、なんてことはそんな簡単にはわかるものではないということだ。そして、私たちは誰かに「モブプログラミング派か分担派か」という2択を迫られているわけではない。どちらも仕事やチームに合わせて、細かい単位で選択できた方がよい。

　また、「チームでモブプログラミングをやってもうまくいかない」という相談を受けることがある。そのときに決まって聞くことにしているのが、「そのチームは分担作業だとうま

くいっているのか？」である。モブプログラミングによって一緒に過ごす時間が多くなることで、関係性やコミュニケーションの問題は特に顕在化しやすくなる。ところが、これらはモブプログラミングの問題ではなくチームの問題である。チームが解決すべき問題が見つかったことをむしろ喜んでほしい。問題が顕在化しにくい分、一緒に仕事をすることよりも分担してうまく仕事をすることの方がよっぽど難しい。

　ここまではよくあるモブプログラミングの議論である。私たちのチームでは3年以上モブプログラミングに取り組んできて、自分たちのチームワークをGitのブランチのようにイメージしている。

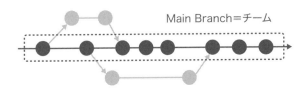

Main Branch＝チーム

　実際の仕事のスタイルがモブプログラミングなのかペアプログラミングなのか分担作業なのかは大して重要ではない。

- チームの状況、仕事の質、優先順位に合わせて最適な選択肢を選べること
- チームというMain Branchにマージをすること

　これらを大切にしてチームワークの仕組みをつくっている。こうした仕事の流れをいかにスムーズにできるかがチームの腕の見せどころである。

　繰り返しになるが、分担することが悪いわけではない。だが、「分担した方が効率がよい」という思い込みの呪いは早めに解くべきである。チームはもっと自由で楽しいものだ。

02 武道とスクラム

小林 恭平 （kyon_mm）
著者プロフィール p.255

　私は現在 47 機関というチームに所属している。2012 年に結成されたので 2021 年現在でおおよそ 10 年所属していることになる。このチームではエクストリームと言われるようなプラクティスを生み出してきた。1Day Sprint、1Hour Sprint、15min Sprint といったショートタームなスプリント期間。フラクタルスプリントといった複数のスプリント期間（1Month、1Week、1Day、1Hour、15min）を入れ子構造にするすすめかた。ランダムロールというプロダクトオーナーやスクラムマスターを毎日、あみだくじで決める方法。KPT as ART という自己表現をするための KPT をしていき、半年間で 1 万枚にまでためていった KPT の付箋。一見すると大変そうにみえるかもしれないが、実践している我々としては、これらをやっていないときのほうが苦労が多い。これらのプラクティスによって自分達の思考リソースを有効に活用できている。

　こういった個々のプラクティスがなぜ生まれたのか、どう実践しているのかに興味がある人もいるだろうが、ここではもっと根源的な部分を紹介させてほしい。

　47 機関は、そして特に私はなぜこういったプラクティスを生み出すことに関心が強いのかである。

　47 機関は 2015 年からスクラムをやりはじめたが、すぐに行き詰まった。そして 1Day Sprint、1Hour Sprint を生み出して、自分たちの行動を仕組みにまかせた。だがそれもすぐに行き詰まる。うまくいっているが苦労している点も多いことに気付いた。当時、他の人たちに何度も相談をもちかけようとしたが、話をしている時点で（自らプラクティスをつくって工夫している点をみて）素晴らしいという言葉をもらい、相談に進めないこともあった。

　そんなある日、空手道での経験を思いだした。私は 8 歳から空手道をはじめ、23 歳までつづけていた。さまざまな経験をすることになったが、16 歳の頃には所属会派の小さな世界大会で U16 で優勝し、22 歳の頃には一般の部でベスト 16 になったこともあった。なかなか成績があがらないとき、その壁は意外にもいま知っている基本的な動作、身体操作を理解していないということが原因だった。壁を越えるにはいくつものアプローチがあるが、現在の良さを活かしながら基礎的な訓練することが近道だった。ただの正拳突き、ただの腕立て伏せにおいてでさえも、突きの、身体操作の解釈を変え、場面ごとの最高の突き、最高の身体操作を目指して訓練していった。

スクラムで、アジャイルで、チームビルディングで、仕事の進め方で、なにかの壁に、スランプに、マンネリにぶつかるたびに私は思いだす。そして自問する。これは訓練が足りていないだけではないか、理解が足りていないだけではないかと。それも基本的なことに対して。

　2018 年当時、スプリント期間とは別のところがボトルネックになっているのではないのかと悩んだ。だが、それを自ら否定した。そして「私はまだシステム開発における時間を理解していないのではないか」と気付いた。スプリント期間をさらに短かくしていくことで理解できる世界があると信じ、15min Sprint を生み出し実践した。そうすると、今までとはまったく違う知見、経験を得られた。いかに思いこみをへらすか、さまざまなこと忘れて集中し思考リソースを活用するか、そのうえで高密度に協調する、これらをすべて叶えて誰も気苦労しないのが 15min Sprint でありフラクタルスプリントだった。47 機関は 15min Sprint が現時点でもっとも楽なスプリント期間であるという結論にいたった。同じことを達成するためにマネージャーやスクラムマスターががんばる方法もあるだろう。だが私たちはスプリント期間を極端に小さくする、入れ子構造にするというあらたな形に挑戦したことで、さまざまな利点、そして得たかったものを一気に得ることができた。

　「何か得るためには自分で天井をつくらないこと」が最も大切だと実感し、私たちは今日も新しいなにかを見つけるために歩みつづけている。

スクラムイベントの効果を最大化する
ためにパーキングロットを活用しよう

高橋 一貴
著者プロフィール p.255

　スクラムイベントで、自分がしゃべりすぎて、あるいは出席者の話を聞きすぎて時間が足りなくなり、イベントが長く感じたり、効果が薄くなったと思った経験はないだろうか。

　スクラムイベントや会議に参加していると、論点の詳細や関連する別の話題が気にかかり、そちらに気を取られて、効果的な時間にならないことがよくある。デイリースクラムでちょっとしたことを確認しようとしたら思った以上に議論が長引いたり、スプリントレビューで実装のことやスプリント中に起きた障害の詳細を話したりする、などだ。

　スクラムイベント中のスクラムマスターは、展開されている話を抽象的に解釈し、一体何について話しているのか、話がどちらの方に転がろうとしているのか、個人攻撃になっていないか、会話のロジックが通っているかなど頭をフル回転させる。そしてタイミングと必要性を見計らって介入していくことで、意見を正しく場に引き出して納得感を醸成していく。

　会議のファシリテーションを学んだスクラムマスターは、納得感を作り上げるべく出席者に積極的な参加を促す。出席者の納得感は、議論に貢献できた実感から生まれる。そのため、なるべく公平かつ深く話をしてもらう必要があるが、スクラムイベントには目的があり、時間も有限だ。目的と限られた時間のなかで効果的なイベントとするため、気持ちよく話せる場でありながら、論点からもずれない締まった場にするという、弛緩と緊張双方をはらんだ要求を満たす必要があるのだ。

　そのようなことを実現するためのテクニックのひとつとして、今回は**パーキングロット**というテクニックを紹介する。

　パーキングロットの使い方は簡単だ。

1. 現在の論点に加えて新たな論点が出たら、あとで話すことを提案する
2. 新たな論点をイベントの出席者が見えるところに書き出す
3. 元の論点に戻る

　これだけだ。発見された論点が放置されていないことがわかるので、出席者も安心して元の論点に戻れる。新たな論点が出たという言葉がわかりづらければ、話がずれたらと読み替えてもいい。

パーキングロットに置いた論点はどのように処理するのか。イベントの最後に時間に余裕があればピックアップして議論をしたり、別の場をセットしたりするなど、出席者で扱いをどうするか決める。

　とはいえ、上記1の前に、そもそも今の論点が何なのかが出席者間で共有されている必要がある。スクラムイベントにはそれぞれ目的があるので、それを満たすためのアジェンダを事前に用意しておくべきだ。そして、パーキングロットが使えるようになるのは、今はどういう目的で何について話しているのか認識がそろった状態になってからだ。

　このように、パーキングロットを利用すると、論点が発生したタイミングと議論をするタイミングを切り離すことができ、今注目している論点を見失わずにすむ。また、新たに登場した論点も後で拾いあげることもできる。

　余談だが、これは個人の作業にも応用できる。作業中にほかのことが気になったら一度別の場所に書き出しておくのだ。TDDでは、実装中に気になることが出てきたらToDoリストに書き加えるし、ポモドーロ・テクニックと呼ばれる時間管理の手法でも、ポモドーロ中に内的中断が起きたら別のリストに書き加えておくことで中断をなるべく避けようとする。興味のある読者は調べてみてほしい。パーキングロットを含め、どれもみな今関心を寄せている目的に集中して取り組んで、成果を早くあげていくためのテクニックだ。

　パーキングロットを活用して、皆さんのスクラムイベントがより効果的で納得感のあるものにできることを願っている。

スクラムを組織に根付かせるには
04 孤独にならないこと

長沢 智治
著者プロフィール p.256

　さまざまなスクラムの実践の「場」を訪れ、時に背中を押し、時によりよくあるべく支援をする中で、どの組織でもできる活動を提案したい。それは、チームの中においての個人の孤独感を緩和し、また、スクラムを組織に根付かせるための手助けにもなるものだ。

　これからスクラムを実践しようとする現場であっても、既にスクラムで成果を上げ続けているチームであっても、個人でみたら孤独に感じることだってある。チームワークに疲れてしまうことだってある。スクラムはチームで成長していくフレームワークとしても注目しているが、それでも個人と個人だからこそできることもあるだろう。ここでは3つの提案をしたい。これらは、スクラムチームの成熟度に関係なく取り組めるものだ。

責任ごとのバーチャルチームを結成する

　スクラムチームの責任（プロダクトオーナーやスクラムマスター、開発者）ごとのチームを結成することを指す。これは組織に複数のスクラムチームが存在しているときに機能する。特にスクラムチームに1人程度しかいない責任は、重圧や心細さを感じるものである。その責任を一人前にこなせるならばさほど問題ないかもしれないが、成長していくチームと個人においては不安が付きまとうものである。そこで、同じ責任を持つ者同士が集まり、知見を共有し、それぞれのスクラムチームでうまくいったことや困っていることを話し合う。1人で悩むより皆で悩んだ方がよい。他のスクラムチームの相談ごとに対してはより客観的に物事が見えるし、意見もしやすいだろう。それは同じ責任を持つ者同士だからできる会話になるはずだ。

バディをつくる

　バディとは、メンター／メンティーとは異なり、同じ境遇の個人と個人で組むことを指す。同じ境遇同士だからこそ言い合えることがある。自身のスクラムチームの自慢話でもいいし、愚痴であってもいい。キャリアについて話し合ってもいいし、新しいプラクティスやテクノロジーの考察をしたっていい。バディは1対1、つまり2人がよいだろう。バディは同じスクラムチームのメンバーであっても、別のスクラムチームのメンバーであってもよい。

プラクティスコミュニティを立ち上げる

　　プラクティスコミュニティ（CoP：Communities of Practice）とは、会社内での
コミュニティであり、プラクティスに対して集まる「場」である。ここに参加す
るメンバーは熱意のある人たちばかりである。関心ごとから会社の価値や顧客の
価値を駆動するくらいの勢いがあるとより機能し、維持することができるだろう。
プラクティスコミュニティは継続的な活動になることが望ましいが、コミュニティ
は生命体のようなものである。よって変化したり、分割したり、世代交代したり
することもあるが、無理にそれらを促す必要はない。

　これらの活動は、言うなればスクラムチームとしての本業とは切り離されたものとなる。
したがって常に、その必要性と持続可能性を検討し続ける必要があるだろう。それと同じ
くらい、マネジメントがこれらを実施できる環境を用意することが重要だ。業務時間内で
行えるようにしてもらいたい。より良い職場環境を作りたいならば、機会を逸しないため
にまずトライしてみてほしい。有用性は経験的に判断すればよい。
　これらの活動の場によって、より積極的に建設的な意見が言えるようになったり、前向
きな思考をするようになったり、向上心が芽生えたり向上したり、ないものより持ってい
るものを誇らしく思えたりして、個人レベルでのチームの底上げに貢献できるはずだ。
　このときに忘れないでほしいたった一つの意識がある。目的を明確にすることだ。それは、
「自身のスクラムチームに貢献する」ためだということだ。したがって、スクラムの価値基準、
プロダクトゴール、スプリントゴールを意識するようにしてもらいたい。あくまでも主戦
場はスクラムチームなのだ。

05 野中郁次郎のスクラム

平鍋 健児
著者プロフィール p.256

　スクラムに日本から与えた影響として、野中郁次郎と竹内弘高による論文『The New New Product Development Game』（Harvard Business Review、1986、https://oreil.ly/kBq_y）がある（以下、NewNew）。この論文自体は、日本の 80 年代製造業のイノベーション（新製品開発）のためのチーム作りやプロセスを組織研究したものだ。スクラムという名前がこの論文から取られたこともあり、野中郁次郎は「スクラムの祖父」（Grandfather of Scrum）と呼ばれる。

　NewNew には、以下のような図が出てくる。この図の持つ意味を 3 つ考えてみよう。

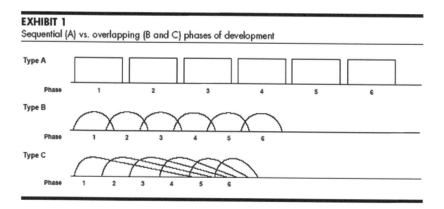

EXHIBIT 1
Sequential (A) vs. overlapping (B and C) phases of development

1. バトンリレーではなくスクラムで

　この論文の副題は、「Stop running the relay race, and take up rugby（リレーをやめてラグビーを始めよう）」であり、役割やフェーズを分割して成果物リレーでゴールに向かうのではなく、さまざまな職種の人が一丸となってラグビーのようにゴールに向かうことを述べている。上図の Type A は、開発をフェーズに分け、各フェーズの出口で得られた成果物を次の担当組織へと渡している。これがリレー型だ。対して Type C では、各フェーズが重なり合っている。つまりプロセスとして複数のフェーズが「並進」していることになっ

ており、フェーズが「重なり合って」いる。論文には、「このことによって工程としては不安定に行ったり来たりをする」が、これが「新製品開発の正体」であり、全体としてゴールへとボールが運ばれるのだという。まさしく、これはウォーターフォール型の進行から、スクラム型の進行への大きな変化に対応している。

2. 異なる能力を集めてチームにせよ

フェーズでなく、人を中心に見てみる。各フェーズを「人の集団」や「専門組織」とみると、サイロによって分断された組織間を情報伝達するのではなく、さまざまな能力や経験を持った人がオーバーラップしてコンセプトを作り出すことの重要性をも表現している。

このことは、野中の研究対象である「アメリカ海兵隊」の組織構造として、陸・海・空が一体化した MAGTAF とも符合する。小隊レベルから1万5000人の大隊までも、相似形で組織される。最小レベルは3人の上陸作戦であり、「海」から上陸し、「空」からの援助攻撃を依頼しながら、「陸」を前進して攻撃地点を狙う。この作戦行動では、3つの能力要素が1チームに必要になる。これは、スクラムのプロダクトオーナー（顧客）、スクラムマスター（マネジメント）、開発者（技術）の3要素が1つのチームに入ったスクラムチームと類似している。また、スタートアップチームでのハスラー、ハッカー、デザイナーの構成ともよく似ている。つまり、「能力ごとに別れた分業」から「異なる能力が合わさって意思決定ができるチーム」への移行がスクラムの1つの意味であろう。

3. 企画者は体で思いを伝達せよ

もう一つ、よく見ると、Type C の1のフェーズはずるずると時間軸を右へと伸びている。このことの意味は何だろう。何かを始めたい、何かを作りたい、という思いを持つ人は、ここまで書いたから後はよろしく、という投げ方をしない。資料で情報を伝達するのでなく、「暗黙知」を残しつつ、体をつかって、知を全員に伝達しなければならない。知識のメディア（伝達媒体）は、書き物ではなく、情熱を持ったその人本人であるべきだ。

野中郁次郎の『本田宗一郎：夢を追い続けた知的バーバリアン』（PHP 研究所）では、彼が開発したオートバイの試走コースでコーナーを回るライダーに接近して観察する写真が掲載されている。ガソリンの匂いを嗅ぎ、ライダーと一体化してその乗り方を体験として捉えている姿だ。情熱を持ったプロダクトオーナーは、ユーザーの内面から見える世界を自分の中に切り開いている。スプリントレビューは、製品にたずさわった人たちが一緒になって自分たちの成果についてのフィードバックを得る。写真の後ろにはエンジニアが写っている。現場こそが、プロダクトの次の形への共感を作り出す。プロダクトオーナーは、開発者を引き連れてユーザーの現場に赴き、その体験とともに、自分の言葉としてフィードバックを伝えなければならない。

06 エンジンがなくては走らない

安井 力（やっとむ）
著者プロフィール p.256

　スクラムチームにおいて開発チームはプロダクトを前進させるエンジンだ。エンジンがなくては先へ進めないし、エンジンの馬力があれば速く進める。

　エンジンの出力は、開発ができるスキル、能力だ。プロダクトを通じて価値を産み出すには、もの作りをできる人材が欠かせない。2020年版のスクラムガイドにはこう書かれている。

> スクラムチームは機能横断型で、各スプリントで価値を生み出すために必要なすべてのスキルを備えている。
>
> ——「スクラムガイド」2020年11月（https://bit.ly/37gMOAU）

　言い換えれば、スキルが足らないならそもそもスクラムチームとして成立しないのだ。プロダクトのビジョンがあり想定するマーケットがあるなら、もの作りをできるようにメンバーを集めるのが第一歩となる。スクラムだろうがなんであろうがその点は変わらない。

　いっぽうで、スクラムチームに十全な能力が最初から揃っているのは稀だ。今あるスキルや能力だけでは足らないとわかったなら、獲得する必要がある。持っているスキルであっても、より熟達し、洗練させ、更新していかなくてはならない。

　まずは潜在する能力を発揮しないといけない。個々人が能力を生かすために、障害を取り除かねばならないときがある。あるいは能力を生かせる方向にプロダクトを調整することもある。スクラムチームの外側への働きかけも必要になる。いろいろな改善を通じて、すべてのメンバーが持てる能力を遺憾なく活用できるようになるまで、重要だが大変な仕事にたくさん遭遇するだろう。

　伸び代のあるスキルを伸ばし能力を高めるにはスプリントがうってつけだ。スクラムの1スプリントには、完成の定義を満たすための作業がすべて含まれる。未熟なスキルや未知の作業を練習する機会が豊富に、繰り返し得られるのだ。スプリントのたびに、幅広い経験を積みながらスキルを磨いていける。またレビューやレトロスペクティブで得たフィードバックが新たなポテンシャルの発見につながるチャンスもある。

　自分にはない知識は、周囲の人から学べるかもしれない。スクラムチームは機能横断型だが、全員に等しくすべての能力があるわけではない。チームや組織の中で助けあえば能

力のでこぼこを平準化できるし、教えあえば人の能力を身につけることもできる。これにはモブ作業がとても役に立つ。

　外から新しいことを学ぶ必要もある。人を呼んで一緒に働きながら教えてもらってもよいし、チームで読書会や勉強会をして未知のことを学ぶのもよい。新しい情報に触れるため外へ出て行く必要もある。イベントや講演会に出席したり、コミュニティやディスカッショングループに参加したりしよう。

　開発チームは技術以外のことも学ぶ。そもそもスクラムチームが求めるスキルは、いわゆるソフトウェア開発に必要な技術的能力にとどまらない。ドメイン知識、マーケティング、調達、業界の動向、人間の行動と心理、経済の仕組みなど、チームとして獲得すべきことはいくらでもある。技術以外のことをすべてプロダクトオーナーに押しつけるのが無茶な話なのは、すぐ理解できるだろう。

　スクラムを通じて、一人ひとりが能力を発揮し、チーム全体が素晴らしい力を持つ。これは『アジャイルソフトウェア開発宣言』にある「個人と対話を」という価値観の直接の結果だ。必要なスキル、能力を持つ人たちがお互いを尊重しながらうまく組み合わさって、プロダクトを強力に押し進めていく。

　そして開発者である個人がスクラムチームに参加する動機の一部も、ここにある。自分の能力を使って、自分を取り巻くチームや組織とつながり、プロダクトを通じてユーザーや社会とつながって、価値を提供しつつフィードバックを受け、自分自身でも変化を受け入れる。スクラムにおいて個人が歯車のように埋没しないのは、スクラムの価値基準のひとつに Respect（尊敬、尊重）があるためだ。責任ある確立した自己として人々と協働している、プロダクトや組織と同じくらい大切な、全人格的に尊重される個人がスクラムチームのメンバーなのだ。

07 F.I.R.S.T にあえて順位をつけるなら

和田 卓人
著者プロフィール p.257

　スクラムにおいて安定したスプリントを繰り返すには、テストの自動化を避けて通れない。議論の余地はないだろう。開発者の間では、Bob Martin が提唱した「F.I.R.S.T」が一種の標語として知られている。これは良いユニットテストの要素（Fast、Independent、Repeatable、Self-Validating、Timely）の頭文字を集めたものだ[†1]。

　良い自動テストはこれら5要素を全て満たすことが求められる。しかし、優先度順に一列に並べるのがアジャイルの鍵。今回あえて5つを優先度の高い順に並べる思考実験を行った結果「S > R > T > I > F」の順となった。その理由をこれから説明したい。

Self-Validating

　良いテストは自己検証可能（Self-Validating）だ。これは、テスト自身が成功か失敗かを判断できる、具体的にはテストコードにアサーションが書かれているということである。Self-Validating でないテストとは、テストコードをテスト対象を実行するためだけに使い、アサーションがなく、標準出力などにテスト対象の出力がそのまま出ており、人間が目で見て期待値と一致するかどうか確かめているようなテストだ。

　S は他のすべての要素の土台となる。人の目を介して成功か失敗かの判断をしている限り、テストの自動化はできない。

Repeatable

　良いテストは繰り返し可能（Repeatable）だ。テストはいつでもどこでも、つまり午前でも午後でも、どの開発者の手元でも CI サーバ上でも、同じように動かなければならない。Repeatable なテストは、人の手を介さずとも、実行すれば毎回同じように動く。テストを実行した後で人間がデータベースをリセットしたりファイルを消したりしなければならないようなら、まだ Repeatable にはなっていない。

　ここまでの2つは必須だ。S と R がないテストは自動テストではない。ここがスタート地点で、これより先は、より良い自動テストを目指す道となる。

---

†1　Robert C. Martin 著『Clean Code』（花井志生 訳、KADOKAWA、原著『Clean Code』Prentice Hall）

Timely

　良いテストは書かれるべきときに書かれている（Timely）。書かれるべきときは、教科書的にいうなら実装の直前だが、テストファーストにこだわらないならば、実装の直後でもそこまで違いはない。しかし、直後と1か月後には大きな違いがある。なぜなら、テストコードには、プロダクトコードの利用者の視点から実装へフィードバックするという大事な役割があるからだ。1か月後にテストコードを書いたときにプロダクトコードに設計上の改善点を発見しても、既に手元を離れて他のエンジニアが使い始めた後ならば、改善に大きな制限がかかる。

　書かれるべきときとは、テストコードを書くことでプロダクトコードに設計上の良いフィードバックを返せる期間内のことだ。その期間を逃したら、最も効率的に設計を改善するチャンスは失われる。

Independent

　良いテストは互いに独立している（Independent）。例えばテスト1、2、3の順に動かすと成功するけれど、3、2、1の順に動かすとなぜか失敗するテスト群を調べてみると、テスト2でファイルに何かを書き込み、テスト3でそのファイルを読んでいる箇所を発見してしまう。独立していないテストの典型例だ。あるテストの失敗原因が、実はそのテスト自身ではなく、そのテストより前に実行したテストのどれかである場合、原因究明に余計な時間がかかる。このため、暗黙の依存関係を持つテストが存在すると、テスト全体に対する信頼が大きく損なわれる。それだけでなく、暗黙の依存関係を持つテストは実行の順序があるので並列実行できない。テストの量が増えてきたとき、並列実行できないテストはテスト全体の実行速度の点でも不利になる。つまり、独立していないテストは失敗時の振る舞いにもテストの実行速度にも問題を抱えている。

　TとIは同じくらい大事だが、どちらがより取り返しがつかないかで考えると、逃すと設計へのダメージが大きいTの方がやや上であると考えてみよう。

Fast

　良いテストは高速で動作する（Fast）。設計や実装へのフィードバックが一瞬で得られるということだ。高速でないと実行頻度が下がり、頻度が下がると問題の把握が遅れ、コントロール感と自信が減っていき、コードの改善に躊躇するようになる。それでも、あえてFastを最下位においたのは、速さはある程度ハードウェアやインフラで挽回可能だからだ。現代的なインフラに投資すれば、マルチコアマシンのコア毎、あるいはクラウド上の分散ノード毎に並列実行できる。つまり、S、R、Iがあれば、Fは力（金）で解決することはできる。だが、失われた時は戻らないのでTは引き続き独特の輝きを放つ。

　結果として「S > R > T > I > F」の順となった。読者の皆様は、どのような順位をつけられるだろうか。

「個人と対話よりも
08 プロセスとツールを」を防ぐには

永瀬 美穂
著者プロフィール p.257

アジャイルマニフェストの掲げる4つの価値の1つめはこれだ。

　　プロセスやツールよりも個人と対話を

　それなのに、プロセスやツールの話ばかりしてしまう人がいる。そして、自分はそうではないと思う人が多いのも知っている。

　スクラムを端的にまとめると、複雑で流動的な状況において長期計画は役に立たないから、ものごとに順番をつけて確実に終わらせていきながら、暗黙知を還元して調整して価値を生み出そうとするものだ。そのために価値基準があり、ルールがあり、イベントや作成物や役割が定義されている。仕組みをうまくいかせるために役割やイベントや作成物があるのであって、役割をあてがいイベントをやって作成物を作るだけではうまくいかないことが多い。

　比較的安定した環境においてプロジェクトを計画どおりに遂行することに重きを置く価値観をプロジェクト的、プロジェクトが計画どおりにいかないことは織り込み済みで、価値の高いプロダクトをデリバリーすることに重きを置く価値観をプロダクト的と呼ぶとしよう。

　スクラムを含むアジャイル開発はまさにプロダクト的思考で、それまでの考え方とは「マインドセットが違う」と言われる。頭では理解できたつもりでいる人が、いつのまにか頭をもたげたプロジェクト的な思考に支配されてしまっているのを目にすることがある。経験が豊富な人ほど、この価値観の揺り戻しは起きやすいようだ。

　こういった価値観の揺り戻しは、ベロシティがゼロだったとき、チームの中に不協和音が発生したとき、懐疑的な人に質問責めにされたとき、チームが外部からの圧力を受けたとき、個人的になんとなく不安を感じたとき、つまりチームがうまくいっていないときに、私たちに忍び寄る。すると始まるのが、個人と対話よりプロセスやツールの話だ。

　またアジャイルなマインドセットにシフトでき、スクラムを活用してプロダクトをデリバリーしていたチームでも、メンバーの入れ替わりを繰り返すうちに文化が荒廃していき、形骸化したプロセスだけが残ってしまった現場もある。ここでは深い対話がなされておらず、表面的なプロセスやツールの話がされている。

　従来のプロジェクト的価値観とプロダクト的価値観の違いはあげればキリがないが、両

者を比較することで、揺り戻しにむしばまれていることに気づくきっかけや、深い対話を始めるきっかけになるかもしれない。いくつかの点をあげて、アジャイル価値観テーブルと名付けてみようと思う。

アジャイル価値観テーブル

対象	非アジャイル	アジャイル
思考	プロジェクト的	プロダクト的
成功	計画の達成	成果の実現
計画	正しい	変化する
スコープ	固定しようとする	柔軟にしようとする
コスト	積み上げて予算を確保する	投資して回収し再投資する
制御	人	環境
チームの成長	考慮しない	還元する
始め方	大きく	小さく
信じる	計画	現実
失敗	喜ばれない	学習の機会

　さらに、上記を拡張してチームのアジャイル価値観テーブルを作ってみるのもよいだろう。試しに作った私の会社の価値観テーブルはこんな感じだ。

拡張アジャイル価値観テーブル

対象	よしとしない	よしとする
ベース	非アジャイル	アジャイル
意思決定	時間をかける	すばやくやる
採用	ポストを埋める	ポストを作る
稼働	長時間	短時間
調整ごと	秘密裏	透明
対外活動	抑える	推奨する
……	……	……
主義	二元論	多元論
価値観	合意する	個人の自由

　みなさんのチームでもアジャイル価値観テーブルを作ってみることをおすすめする。チームビルディングで作ったり、レトロスペクティブのたびに見直してみたり、新しい人が入るたびに話題にしてみたり、どんな使い方があるか対話するところから始めてみてほしい。
　その対話の中で形骸化したプロセスを捨て、チームとして何をすべきか、そのためにどうすればよいのかを考え抜き、自分たちの仕事の仕組みを最適化していってほしい。

09 インクリメントは減ることもある

原田 騎郎
著者プロフィール p.257

「最近、なにかフィーチャーを削除したことある？」

プロダクトをすでにリリースし、メンテナンスをしつつ、新規開発も行っているチームに、ときどきする質問である。「この前のリリースであの機能を消したよね」みたいな回答が返ってくることはまずない。「ユーザーがいるのに消すわけにはいきませんよ」とか、「もっと機能を足せというプレッシャーをかけられているのに、機能を減らすのに工数なんか使えませんよ」あたりがありがちな答えだ。

スクラムで言うところの、「リリース判断可能なインクリメント」とは、その前のスプリントのプロダクトに加えて、そのスプリントに含まれたプロダクトバックログアイテム（PBI）が実装されたものが含まれる増分である。増分であるから、機能が増えて当たり前というわけだ。

それで問題ないだろうか？

古くはカオスレポートにあるように、ソフトウェアに含まれる機能のうち、本当に使われているものは多くない。プロダクトオーナーは、ユーザーに本当に使われる機能だけを選んで、スプリントに投入できているだろうか？

スプリントレビューでしょっちゅうフィードバックを受けていても、プロダクトバックログリファインメントでいつも必要な機能について話し合っていても、必ず当たるPBIを選択するのは至難の業だ。

使われない機能を残したままプロダクトの開発を続けていると、だんだん開発スピードが遅くなってくる。仮にリファクタリングを継続的に行えていたとしてもプロダクトの規模がだんだん大きくなっていくのは避けられない。ユーザーから見えるフィーチャーは、勝手に消すわけにもいかない。

こういった場合にお勧めしているのが、フィーチャーを削除するPBIを追加することだ。もちろん最下位に入れているだけではだめで、スプリントに投入する必要がある。

プロダクトコードからコードを削除するのは、実は非常に難しい。削除するというPBIを初めて見たチームはまず見積もれないだろう。安全にフィーチャーを削除するには、関係のないフィーチャーが自動化された受け入れテストで守られている必要があるし、プロダクトのなかで設計で適切に責務が割り当てられてなければいけない。削除する前には、複数のスパイク作業が必要になるだろうし、大掛かりなリファクタリングが必要になるこ

ともある。

　機能を実際に削除できるようになるには、それなりに時間がかかる。それでも、うまく削除できるようになったあとは、プロダクトのコードの見通しがよくなり、新しい開発や変更がはるかにやりやすくなる。最初から喜んでフィーチャーの削除を行ったチームは、これまで会ったことがない。それでも、1回実施できた後は、定期的に実施するようになっているチームが多い。スプリントに受け入れるPBI20個あたり最低1個をフィーチャーの削除に割り当てているチームもある。

　フィーチャーを削除するPBIに対応するインクリメントは、フィーチャーが減ったプロダクトになる。フィーチャーは減っていても、開発者から見たメンテナンス性の向上や、ユーザーインタフェースのわかりやすさなどで価値が増えていることも多い。減っているけど、インクリメントなのだ。

　「最近、なにかフィーチャーを削除したことある？」

10 完成とは何か？

吉羽 龍太郎
著者プロフィール p.258

　スクラムでは、スプリントのなかでプロダクトバックログアイテムを完成させていく。1つのプロダクトバックログアイテムを複数のスプリントにまたがって完成させるような計画を立てることはない。完成しなかったプロダクトバックログアイテムは再見積りしてプロダクトバックログに戻し、それにいつ着手するかはプロダクトオーナー次第だ。

　プロダクトバックログアイテムが完成しているかどうかは、機能性と非機能性の両方が満たされているかどうかで判断される。

　機能性とは、プロダクトオーナーと開発チームで合意した動作だ。スクラムガイドでは触れられていないが、「受け入れ基準」を用意しておき、それを満たしているかどうかをプロダクトオーナーと開発チームで確認することもある。

　一方で非機能性とは、プロダクトが満たさなければいけない内部品質だ。プロダクトにはプロダクトごとに違った内部品質が求められる。手術用ロボットに求められるものと、数か月しか使わないキャンペーン用のウェブサイトではまったく内容が変わってくるのは明らかだ。このようにプロダクトとして満たさなければいけない内部品質のことを「完成の定義」と呼ぶ。

　機能性を満たしていても、非機能性を満たしていなければそれは完成ではない。品質を満たしていないプロダクトを無理にリリースして痛い目を見たことがあるのは筆者だけではないはずだ。両方を満たして、初めて「完成」である。

　スクラムチームは、時に大変な苦労をしながら、「完成」したインクリメントを届けるのに全力を尽くす。今回のスプリントは大変だったけど、なんとか「完成」したと安堵する。そして、次に作る機能に関心を向ける。

　だが、話はこれで終わらない。「完成した」インクリメントはスプリントレビューで披露して、フィードバックをもらう。思っていたものと違うとか、これでは問題が解決できないといった意見が返ってくることもある。実際にリリースしてみたら、期待と違ってまったくユーザーが使ってくれないこともある。

　そう、「完成」とは「評価可能になった」ことを指しているだけなのだ。実際の評価結果をプロダクトバックログに反映していこう。もし、評価できるだけのデータがないなら、データを集める仕掛けを入れよう（これもプロダクトバックログアイテムになるかもしれない）。集めたデータは、プロダクトオーナーやステークホルダーだけでなく、開発チームも見よう。

プロダクトバックログリファインメントのときに見てもよいし、スプリントレビューのときに全員で見てもよいだろう。

　評価の結果次第で、一度作った機能を削除するプロダクトバックログアイテムも必要になることもある。サンクコストのせいで機能の削除はしにくいが、プロダクトの肥大化は問題につながることが多い。機能が増えると顧客の満足度が下がるというデータもある。

　プロダクトバックログに順番に「完成」のチェックを入れていき、全部にチェックが付けば開発は終了、というようなものでは決してない。重要なのは、「完成」の先なのだ。

寄稿者紹介

マーク・ロフラー（Marc Loeffler）
情熱のビジネスアジリティコーチ

名の知れたキーノートスピーカー、著者、アジャイルコーチ。2006年にアジャイル手法と原則に触れるまでは、フォルクスワーゲン、シーメンスといった企業でプロジェクトマネージャーとして働いていた。アジャイルフレームワークを導入し、仕事のやり方を変革しようとするチームの支援に情熱を燃やしている。アジャイル変革に苦しみ、機能不全を克服しようとするチームの支援も情熱の一部だ。ありがちな問題に正反対の方向から取り組むことで、意図的に大混乱を引き起こし、新たな知見を生み出すのを好む。著書に、『Improving Agile Retrospectives』（Addison-Wesley Professional、2017）がある。

● 2ページ　スクラムについて誰も教えてくれない5つのこと

ギル・ブローザ（Gil Broza）
アジャイルマインドセット、アジャイルリーダーシップコーチ

エンタープライズアジャイルコーチ、トレーナー、ファシリテーター、スピーカー、マネージャーで、さまざまな環境における20年以上の開発経験を持つ。3P Vantageを創業し、組織のアジリティやチームのパフォーマンスを少ないリスクで向上できるように支援している。実践的かつ現代的で、尊敬に満ちた指導を通じて、リーダーや開発チームが適応型の仕事の原則をカスタマイズするのをサポートしている。著書に『The Agile Mind-Set』（CreateSpace Independent Publishing Platform、2015）、『The Human Side of Agile』（3P Vantage Media、2012）、『Agile for Non-Software Teams』（3P Vantage Media、2019）がある。

● 4ページ　プラクティスよりマインドセットが重要

ステーシア・ビスカルディ（Stacia Viscardi）
AgileEvolution, Inc CEO

2003年よりアジャイルとリーンテクニックを実践している。これまでに23ヵ国を訪問し、さまざまな会社がより良い仕事のやり方を考え、実践する支援をしてきた。2006年より、スクラムアライアンスの認定スクラムトレーナー。最近、Open Leadership Network のリーダーシップチームに参加。著書に、『The Professional ScrumMaster's Handbook』（Packt Publishing、2013）、ミシェル・スライガーとの共著に『The Software Project Manager's Bridge to Agility』（Addison-Wesley Professional、2008）がある。現在、『Failagility: The Business of Imperfection』に取り組んでいる。トレーニングやコーチングをしていないときは、たいてい馬小屋にいて、愛馬の Figo と馬術に取り組んでいる。

● 6ページ　実は、スクラムの話ではない

ケン・シュエイバー（Ken Schwaber）
スクラムの共同作成者、Scrum.org 創設者

ソフトウェア開発業界のベテラン（皿洗いの見習いからボスまで）。1990 年代、複雑な開発プロジェクトに苦しむ組織を支援するためにジェフ・サザーランドとともにスクラムプロセスを開発した。2001 年のアジャイルマニフェストの署名者の 1 人で、続いてアジャイルアライアンス、スクラムアライアンスを組織した。2009 年にスクラムアライアンスを去り、Scrum.org を創立した。スクラムについての著書が複数ある。マサチューセッツ州レキシントン在住。

● 8 ページ　スクラムはシンプルだ。変えずにそのまま使え

ピーター・ゲーツ（Peter Goetz）
アジャイルコーチ、トレーナー

スクラムおよび DevOps のコーチ、トレーナー。ソフトウェア開発の世界で 15 年以上にわたり、さまざまな役割や視点を経験してきた。Scrum.org のプロフェッショナルスクラムトレーナーとして、顧客のソフトウェア開発プロジェクトへのスクラムの導入および実践を支援している。

● 10 ページ　Why からスクラムを始めよ

ウーヴェ・シルマー（Uwe Schirmer）
アジャイルコーチ

スクラムおよびアジャイル要求工学のコーチ、トレーナー。20 年以上のあいだ、IT の各分野でさまざまな役割を経験した。ソフトウェア開発ライフサイクルの全体像を伝えることで、顧客のチーム立ち上げや修復の支援、要求をプロダクトに変えてその先に進むためのアプローチやプロセスを考え直す支援をしている。

● 10 ページ　Why からスクラムを始めよ
● 146 ページ　チームは単なる技術力の集合体ではない

ステファン・バーチャック（Steve Berczuk）
アジャイルソフトウェア開発者、チームリーダー、作家

ソフトウェア開発者、アジャイルソフトウェア開発の専門家、認定スクラムマスター。20 年以上にわたって、チームが効果的に働けるようにするのを支援しており、スクラムは 2005 年から活用している。『パターンによるソフトウェア構成管理』（翔泳社、原著『Software Configuration Management Patterns: Effective Teamwork, Practical Integration』Addison-Wesley Professional、2003）の共著者で、Techwell でも精力的に活動している。記事やブログは、http://www.berczuk.com を参照。Twitter は @sberczuk。

● 12 ページ　導入してから適応せよ
● 114 ページ　スプリントレトロスペクティブは構造化しよう

トッド・ミラー（Todd M. Miller）
プロフェッショナルスクラムトレーナー

複数の業種のさまざまなテクニカルプロジェクト、クリエイティブプロジェクトでのスクラムマスター、プロダクトオーナー、開発者、アジャイルコーチの経験を持つ。現在は、アメリカ合衆国で、スクラムフレームワーク、アジャイルトランスフォーメーション、プロフェッショナルソフトウェア開発のコーチング、トレーニングをしている。ライアン・リプリーとの共著に『Fixing Your Scrum: Practical Solutions to Common Scrum Problems』（Pragmatic Bookshelf、2020）がある。

● 14 ページ　最小のやり方を定期的に試そう

ピート・ディーマー（Pete Deemer）
GoodAgile CEO

アジャイルソフトウェアのコミュニティでよく知られており、数々のグローバル企業において、25 年以上にわたりプロダクト作りやサービス作りを率いてきた。かつてスクラムアライアンスの会長を務めた。現在はシンガポールに本拠地を置く GoodAgile の CEO で、アジャイルコンサルティングやトレーニングを提供している。

● 16 ページ　スクラムは地理的に分散した開発でも使えるか？

マーカス・ガートナー（Markus Gaertner）
認定スクラムトレーナー

組織設計コンサルタント、認定スクラムトレーナー（CST）、ハンブルグ（ドイツ）itagile GmbH のアジャイルコーチ。『ATDD by Example: A Practical Guide to Acceptance Test Driven Development』（Addison-Wesley Professional、2012）の著者であり、ドイツのソフトウェアクラフトマンシップ活動である Softwerkskammer に貢献している。ブログは http://www.shino.de/blog。

● 18 ページ　「複数のスクラムチーム」と「複数チームによるスクラム」の違いを知ろう

● 38 ページ　プロダクトオーナーは情報のバリアではない

● 58 ページ　「それは自分の仕事じゃない！」

ギュンター・ヴァーヘイエン（Gunther Verheyen）
独立スクラム世話人

年季の入ったスクラム実践者（2003 年より）。さまざまなビジネスドメインの多様な環境で、スクラムを活用した経験を持ち、後にいくつかの大規模スクラムの適用のインスピレーションとなった。スクラムの共同開発者で Scrum.org の創立者であるケン・シュエイバーとパートナーを組み、独立スクラム世話人としてスクラムの旅を続けている。『Scrum – A Pocket Guide: A Smart Travel Companion』（Van Haren Publishing、2013、2019）の著者。

● 20 ページ　「完成」で何を定義するか？

● 164 ページ　スクラムではプロセスよりも行動が重要だ

サイモン・ラインドル（Simon Reindl）
プロフェッショナルスクラムトレーナー

経験豊富なコーチ、スピーカー、著者、トレーナー、テクノロジストで、20年以上にわたり、新しい技術を採用しビジネス価値を実感するための支援をしてきた。世界中の公共部門と民間部門の両方で幅広いビジネス領域の経験を持つ。顧客を喜ばせるプロダクトを作ることによって、チームや組織がより良い価値を提供できるようにすることに情熱を感じ、人と関わり、彼らの理解を促進し、彼らのパフォーマンス向上を支援している。ステファニー・オッカーマンとの共著に『Mastering Professional Scrum』（AddisonWesley Professional、2019）がある。

● 22ページ　どうやって心配するのをやめてスクラムを始めたか

ラルフ・ヨチャム（Ralph Jocham）
effective agile チェンジエージェント

プログラマー、スクラムマスター、プロダクトオーナーとしてアジャイルに20年以上関わっている。2010年からScrum.orgのプロフェッショナルスクラムトレーナーを務めており、世界中で何千人もの人たちをトレーニングし、コーチングしてきた。『The Professional Product Owner: Leveraging Scrum as a Competitive Advantage』（Addison-Wesley Professional、2018）の共著者である。

● 26ページ　失敗する成功プロジェクト
● 32ページ　プロダクトマネジメントのすきまに気を付けろ
● 104ページ　スプリントゴール：スクラムで忘れがちだが重要な要素

ドン・マクグリール（Don McGreal）
Improving Learning Solution 担当 VP

実践アジャイルコンサルタントで、Scrum.orgのプロフェッショナルスクラムトレーナー。世界中で何千人ものソフトウェアプロフェッショナルに研修を提供してきた。アジャイル原則の導入を支援するゲームやエクササイズを包括的に集めたサイト、TastyCupcakes.orgの共同創始者である。ラルフ・ヨチャムとの共著に、『The Professional Product Owner: Leveraging Scrum as a Competitive Advantage』（Addison-Wesley Professional、2018）がある。

● 26ページ　失敗する成功プロジェクト
● 32ページ　プロダクトマネジメントのすきまに気を付けろ
● 104ページ　スプリントゴール：スクラムで忘れがちだが重要な要素

エレン・ゴッテスディーナー（Ellen Gottesdiener）
アジャイルプロダクトコーチ

プロダクトコーチ兼EBG ConsultingのCEO。プロダクトのアジリティを通じ、プロダクトや開発コミュニティが価値ある成果を生み出すのを支援している。アジャイルコミュニティにおいて、アジャイルなプロダクトディスカバリーとデリバリーのための協調的プラクティスの創始者であり、イノベーターとしても知られる。健

全なチームワークと強い組織を実現するために、熟練したファシリテーションをプロダクトの仕事に取り入れている。プロダクトディスカバリーと要求に関する3冊の本の著者であり、頻繁に講演を行い、世界中にクライアントがいる。ボストンのアジャイルプロダクトオープンコミュニティのプロデューサーであり、アジャイルアライアンスのアジャイルプロダクトマネジメントイニシアチブのディレクターを務めている。

● 28ページ 「あなたのプロダクトは何？」という問いに答える

ラファエル・サバー（Rafael Sabbagh）
認定スクラムトレーナー、公認カンバントレーナー

Knowledge21の共同創始者であり、2000年代半ばよりスタートアップから多国籍企業までのアジャイルトランスフォーメーションを支援している。企業ITプロジェクト、プロダクト開発、ソフトウェア開発について20年以上の経験を持つ。認定スクラムトレーナーおよび公認カンバントレーナーであり、2015年から2017年までスクラムアライアンスの理事会のメンバーを務めた。20以上の国で仕事をした経験があり、複数の世界的なアジャイルイベントでスピーカーを務めた。

● 30ページ ビジネスに舵を取り戻すスクラム

● 110ページ スプリントレビューの目的はフィードバックの収集。以上

● 198ページ スクラムの起源は、あなたが思っているのとは違うかも

ミック・カーステン（Mik Kersten）
Tasktop 創業者兼 CEO

Tasktop TechnologiesのCEOであり、Eclipse Mylynオープンソースプロジェクトの作成者およびリーダーである。タスクフォーカスインタフェースの発明者でもある。Xerox PARCの研究者として、AspectJに対応した最初のアスペクト指向プログラミングツールを実装した。ブリティッシュコロンビア大学コンピューターサイエンス専攻の博士課程の在学中に、Mylynとタスクフォーカスインタフェースを開発した。2002年からEclipseのコミッターであり、現在Eclipse理事会およびEclipseアーキテクチャープランニング評議会のメンバーである。タスクフォーカスなコラボレーションについての第一人者であり、多くのソフトウェアカンファレンスで発表した。2008年および2009年のJavaOne Rock Starスピーカーである。脳の負荷を減らして、創造的な仕事に集中しやすくするツールを作ることを好む。

● 34ページ フローフレームワークによる組織全体へのスクラムのスケーリング

アラン・オカリガン（Alan O'Callaghan）
認定スクラムトレーナー、Emerald Hill Limited プリンシパルプロダクトオーナー

スクラム実践者として20年以上の経験を持つ。スクラムアライアンスの認定スクラムトレーナーで、The Scrum Patterns Groupのメンバーでもある。

● 36ページ ビジネス価値を真正面に据える

● 190ページ 「メタスクラム」パターンでアジャイル変革を推進する

ウィレム・ヴェルマーク（Willem Vermaak）

プロダクトマネジメントコンサルタント

人に釣竿を渡すことに情熱を傾けている。手近なソリューションを与えるのではなく、時間をかけてトレーニング、ガイド、コーチング、メンタリングし、みんなが自分で外に出て勝てるようにしたいと考えている。顧客と会社にとっていちばん価値のあるプロダクトをプロダクト開発者が届けられるように支援するのが目的である。著書に、『50 Tinten Nee: Effectief stakeholdermanagement voor de Product Owner』（Boom Uitgevers、2019、ロビン・スフールマンとの共著）がある。

● 40 ページ　「ノー」と言える技術をマスターして価値を最大化する

ロビン・スフールマン（Robbin Schuurman）

プロダクトリーダー、プロフェッショナルスクラムトレーナー、作家

プロダクトリーダー、プロフェッショナルスクラムトレーナー、そして情熱を持ったゴルファー。『50 Tinten Nee: Effectief stakeholdermanagement voor de Product Owner』（Boom Uitgevers、2019）をウィレム・ヴェルマークとともに執筆。プロダクトマネジメントという職業を改善することをミッションとしている。

● 40 ページ　「ノー」と言える技術をマスターして価値を最大化する

ジェームズ・コプリエン（James O. Coplien）

スクラムセンセイ、コーチ、コンサルタント

センセイ、作家、研究者であり、プログラミング言語やシステム設計から組織デザイン、開発プロセスまで幅広い領域に関心を持つ。デイリースクラムはベル研究所での初期のプロセス研究から生まれた。DCI パラダイムの作成者の 1 人であり、プログラミング言語 Trygve の作者でもある。リカンベントバイカーであり、旅人であり、馬術をたしなむ。

● 42 ページ　プロダクトバックログを通じて優先順位付けされた要求を伝えるには
● 44 ページ　なぜプロダクトバックログの先頭にユーザーストーリーがないのか
● 60 ページ　専門分化は昆虫のためにある
● 106 ページ　デイリースクラムは、開発者のアジャイルなハートビートだ
● 194 ページ　大きく考える

ジェフ・パットン（Jeff Patton）

プロダクトデザイン・プロセスコーチ

単に速いだけでなく優れたプロダクトを作ることに焦点を当てた働き方を採用している企業を支援している。アジャイル思考、リーン、リーンスタートアップ思考、UX デザイン、デザイン思考を融合し、全体論的なプロダクト中心の働き方に行き着いた。ベストセラー『ユーザーストーリーマッピング』（オライリー・ジャパン、原著『User Story Mapping』O'Reilly、2014）では、全体像を見失うことなくアジャイル開発でストーリーを使うためのシンプルで全体的なアプローチを説明している。

● 46 ページ　アウトカムを考え、価値に注意を払え

ジャスパー・レイマーズ（Jasper Lamers）
アジャイルコンサルタント、文化人類学者

文化人類学修士。ソフトウェア開発の仕事をしていても、仕事の人間的側面に深い興味を持ち続けている。ICT とビジネスのあいだのさまざまな役割で働いたことがあり、経験豊富で情熱的なクリエイティブコーチ、トレーナーである。アマチュアミュージシャンで、アマチュア映画も作っている。

● 50 ページ　サッカーのフーリガンから学ぶことなんてあるのか？
● 186 ページ　安全な（でも安全すぎない）環境での遊びの力
● 204 ページ　スクラムイベントは豊作を確かなものにする儀式だ

コンスタンチン・ラズモフスキー（Konstantin Razumovsky）
アジャイルコーチ、プロフェッショナルスクラムトレーナー

ミンスク（ベラルーシ）のアジャイル実践者。リーンやアジャイルの原則を利用して利益を得たい組織やチームのために、トレーニング活動と実践的な作業を組み合わせている。Java 開発者としての経験があり、プロジェクトマネージャー、スクラムマスター、アジャイルコーチも務めた。チームを信じており、チームこそがプロダクト開発における素晴らしいものの源泉であると考えている。

● 52 ページ　そして奇跡が起こる

ミッチ・レイシー（Mitch Lacey）
アジャイルソフトウェア実践者

アジャイル実践者でありトレーナー。15 年以上の計画駆動プロジェクトとアジャイルプロジェクトのマネジメント経験がある。アジャイルとスクラムプラクティスを適用しようとするチーム向けの本、『スクラム現場ガイド』（マイナビ出版、原著『The Scrum Field Guide』Addison-Wesley Professional、2012-2016）の著者。マイクロソフトでアジャイルの研鑽を積み、成功裏にエンタープライズ向けの中核サービスをリリースした。マイクロソフトでの最初のアジャイルチームのコーチは、ウォード・カニンガム、ジム・ニューカーク、デイビッド・アンダーセンだった。

● 54 ページ　意思決定ロジックの先頭は顧客フォーカスにしよう

リッチ・フントハウゼン（Rich Hundhausen）
スクラム /DevOps トレーナー、コーチ

チームがスクラムと Azure DevOps を活用してより良いプロダクトを作れるように支援している。プロフェッショナルスクラムトレーナーとして、ソフトウェアはプロセスやツールではなく、人によって作られることを理解している。アメリカ合衆国アイダホ州ボイシ在住。

● 56 ページ　あなたのチームはチームとして機能しているか？
● 82 ページ　スプリント計画には何を入れている？
● 88 ページ　バグ再考

バス・ヴォッデ（Bas Vodde）
LeSS 共同作成者、プロダクト開発コーチ

コーチ、プログラマー、モダンなアジャイル、リーンプロダクト開発に関わる本の著者。LeSS(大規模スクラム) フレームワークの開発者であり、『大規模スクラム Large-Scale Scrum（LeSS）』（ 丸 善 出 版、 原 著『Large-Scale Scrum: More with LeSS』Addison-Wesley Professional、2016）、『Practices for Scaling Agile and Lean Development』（Addison-Wesley Professional、2010）の著者である。いずれの本も良き友人であるクレイグ・ラーマンとの共著である。組織にコーチングをする際は、(1) 組織レベル、(2) チームレベル、(3) 個人テクニカルプラクティスの 3 つのレベルすべてで、俯瞰的なシステムの全体像をつかむことを好む。空いた時間で、CppUTest ユニットテストフレームワークのメンテナーを務めている。組織のプロダクト開発の改善を支援する Odd-e に勤務している。

● 62 ページ　デジタルツールは有害だ：スプリントバックログ
● 64 ページ　デジタルツールは有害だ : Jira
● 130 ページ　テクニカルコーチとしてのスクラムマスター
● 140 ページ　積極的に何もしない（という大変な仕事）

ダニエル・ハイネン（Daniel Heinen）
スクラムマスター、大規模プロダクト開発に関する大学教員

BMW グループの自動運転部門で LeSS Huge の導入をしているスクラムマスターでアジャイルコーチである。ミュンヘン専門大学の講師も務める。プロダクト開発が成功するには、顧客と開発者の密なコラボレーションが不可欠であると信じている。成功する組織は、うまくいくソリューションを見出すために、お互いに協力しながらの学習を組織レベルでも推進しなければいけないと考えている。連絡先は、unityproductdev@gmail.com。

● 66 ページ　稼働率管理の弊害

コンスタンチン・リベル（Konstantin Ribel）
スクラムマスター、LeSS 好きのスクラムトレーナー

スクラムマスターであり、BMW Group の自動運転部門における LeSS Huge 採用の旗振り役。現代の組織には、マインドセットを変え集合知を解き放つために、抜本的な構造改革が必要だと確信している。人類の知力と努力が高く評価されるような組織を育てることを目指している。連絡先は、konstantin@ribel.eu、または konstantin-ribel.com。

● 66 ページ　稼働率管理の弊害

ラン・ラゲスティー（Len Lagestee）
組織変革コーチ

組織変革コーチで、https://illustratedagile.com/ のブロガー。コーチとしては大企業を顧客として、人と人をつなげ、リーダーシップを変革し、結果を出し、従業員を人間らしくしている。
- 68 ページ　情報を発信するチームになる
- 76 ページ　プロダクトバックログの大きさを決める 5 つの段階
- 134 ページ　障害の分析学

ジェームズ・グレニング（James W. Grenning）
Wingman Software 代表

世界中で、トレーニング、コーチング、コンサルティングを提供している。プロダクト開発チーム、なかでも組み込みシステム開発に、モダンなテクニカルおよびマネジメントプラクティスを導入することをミッションとしている。著書に、『テスト駆動開発による組み込みプログラミング』（オライリー・ジャパン、原著『TestDriven Development for Embedded C』Pragmatic Bookshelf、2011）がある。組み込み C および C++ で人気のテストハーネス CppUTest の共同開発者である。また世界中で使われている見積もり手法のプランニングポーカーの発明者でもある。アジャイルマニフェストの起草にも参加した。ウェブサイトは、http://wingman-sw.com。
- 72 ページ　スプリントをやるだけがアジャイルではない

クリス・ルカッセン（Chris Lukassen）
プロダクトサムライ

リアルタイムオペレーティングシステムのコーディングから、9 チームによる数百万ユーロのプロダクトの開発まで、ガレージスタートアップから TomTom や Saab のような巨大企業まで、完全な失敗作から CEC アワード受賞作まで、さまざまなプロダクト開発に携わってきた。これまでのやり方には絶対に戻りたくないと思えるようなプロダクトの作り方を教えることをミッションとしている。
- 74 ページ　パトリシアのプロダクトマネジメント苦境
- 160 ページ　優しく変化する方法

マーカス・ライトナー（Marcus Raitner）
企業の道化師、アジャイルコーチ

象は踊れると確信している人。2015 年以来、アジャイルコーチとして、またアジャイルトランスフォーメーションエージェントとして、BMW Group IT がアジャイルな組織になる旅に同行している。パッサウ大学で計算機科学の博士号を取得したのち、IT サービスプロバイダーの大企業である msg systems でプロジェクトマネージャーとして働き始めた。2010 年、ゼロからスタートし、プロジェクトマネジメントとコーチングを専門とする小さなスタートアップ、esc Solutions に入社した。『Manifesto for Human(e) Leadership: Six Theses for New Leadership in the Age of Digitalization』（自費出版、2020）の著者。

リーダーシップ、デジタル化、新しい仕事、アジリティなどについて、定期的にブログ「Führung erfahren!」に記事を書いている。

- 78 ページ　ユーザーストーリーについてよくある 3 つの誤解
- 126 ページ　タッチラインの宮廷道化師
- 188 ページ　アジャイルリーダーシップの三位一体

ジュディー・ネーアー（Judy Neher）
認定スクラムトレーナー

アメリカ合衆国インディアナ州在住の認定スクラムトレーナー。政府関係でのアジャイルおよびスクラムのコーチング、トレーニングを 20 年以上提供し、最近は政府のセキュリティプロフェッショナルがアジャイルになる支援をしている。
- 80 ページ　攻撃者のユーザーストーリーを取り入れる

マーク・レヴィソン（Mark Levison）
認定スクラムトレーナー

著者、認定スクラムトレーナー、Agile Pain Relief Consulting のコンサルタント。カナダ政府、大手金融保険会社、ソフトウェア会社、そしてカナダ在住の個人向けに、スクラム、リーンなどのアジャイル手法を導入してきた。進化したいと願っている組織へのコンサルティングも行っている。
- 84 ページ　生き生きとしたスプリントバックログはデジタルツールを凌駕する
- 102 ページ　スプリントゴールで目的を設定する（単に作業リストの完成にしない）

リサ・クリスピン（Lisa Crispin）
Agile Testing Fellowship 代表

著書（ジャネット・グレゴリーとの共著）に『Agile Testing Condensed Japanese Edition』（Leanpub、　原　著『Agile Testing Condensed』Library and Archives Canada/Government of Canada、2019）、『実践アジャイルテスト』（翔泳社、原著『Agile Testing: A Practical Guide for Testers and Teams』Addison-Wesley Professional、2009）、『More Agile Testing: Learning Journeys for the Whole Team』（Addison-Wesley Professional、2014）がある。また『Agile Testing Essentials』、『Agile Testing for the Whole Team』の動画コースを提供している。2012 年の Agile Testing Days で、「Most Influential Agile Testing Professional Person（いちばん影響力のあるアジャイルテストプロフェッショナル）」に選ばれた。詳しくは Web サイト（https://agiletester.ca、https://agiletestingfellow.com）を参照。
- 86 ページ　テストはチームスポーツだ

アヌ・スマリー（Anu Smalley）
Capala Consulting Group 代表

認定スクラムトレーナー、Capala Consulting Group 創始者。アジャイルコーチングとトレーニングに集中するまでは、大組織でプロダクトオーナーを務めていた。

● 90 ページ　プロダクトバックログリファインメントは、重要なチーム活動だ

デイビッド・スター（David Starr）
プロフェッショナルソフトウェア職人

プロフェッショナルソフトウェア職人で、ソフトウェア開発チームのアジリティ、コラボレーション、テクニカルエクセレンスの改善にコミットしている。現在、マイクロソフトのプリンシパルソリューションアーキテクトであり、Elegant Code Solutions の創立者でもある。リーダーシップの経験が豊富で、古くから一貫してアジャイル開発を支持してきた。Scrum.org のカリキュラム開発の一部にも携わった。

● 92 ページ　アジリティの自動化

ジェシー・ホウウィング（Jesse Houwing）
トレーナー、コーチ、なんでも屋

新たなインサイト、ひらめき、ときには人生の啓発につながるような、スクラムやアジャイルマインドセットのトレーニングを提供するのを好む。トレーニングで人生が変わったと聞くことは、素晴らしいエピックだ。著者の究極のエピックの1つだ。

● 94 ページ　常緑樹

ユッタ・エクスタイン（Jutta Eckstein）
フリーランス

フリーランスのコーチ、コンサルタント、トレーナー。さまざまな国のチームや組織のアジャイルへの移行を支援してきた。中規模〜大規模の分散したミッションクリティカルなプロジェクトにおいてアジャイルプロセスを適用するという比類のない経験を持っている。『Agile Software Development in the Large』（Dorset House、2004）、『Agile Software Development with Distributed Teams』（自費出版、2018）、『Retrospectives for Organizational Change』（自費出版、2019）、ジョハンナ・ロスマンとの共著『Diving for Hidden Treasures: Uncosts of Delay in your Project Portfolio』（Practical Ink、2016）、ジョン・バックとの共著『Company-wide Agility』（自費出版、2020）などの著書で自身の経験を紹介している。アジャイルアライアンスで 2003 年から 2007 年まで委員を務めた。世界中のカンファレンスのスピーカーや共同主催者でもある。

● 98 ページ　スプリントは目的のためにある。ランニングマシンにするな

ルイス・コンサウヴェス（Luis Gonçalves）
マネージング・ディレクター

 起業家、ベストセラー作家、国際的なキーノートスピーカー。コンサルティングでは、企業家、創業者、および 100 万ドル〜 1000 万ドルの企業の経営幹部を相手に、自身の革新的な Organizational Mastery 手法を実践している。2003 年からソフトウェア業界で活躍。ブログ https://luis-goncalves.com は、ソフトウェア開発業界全員に「必読」だ。

- 100 ページ　効果的なスプリントプランニングをするには
- 120 ページ　スクラムマスターの役割を理解する

デイブ・ウエスト（Dave West）
Scrum.org CEO

 Scrum.org の CEO、プロダクトオーナー。キーノートスピーカーを多数務め、執筆記事はよく読まれている。『The Nexus Framework for Scaling Scrum』（Addison-Wesley Professional、2017）、『Head First Object-Oriented Analysis and Design』（O'Reilly、2006）の著者。ラショナル統一プロセス（RUP）の開発をリードし、Ivar Jacobson International で、北米ビジネスをイヴァー・ヤコブソンとともに運営した。フォレスター・リサーチの VP およびリサーチディレクターとして、ソフトウェア提供プラクティスをマネジメントした。Scrum.org に参加する前は、Tasktop でチーフプロダクトオフィサーとして、プロダクトマネジメント、エンジニアリング、アーキテクチャーの責任者を務めた。

- 108 ページ　スプリントレビューはフェーズゲートではない

サンジェイ・サイニ（Sanjay Saini）
プロフェッショナルスクラムトレーナー、AgileWoW 創業者

 銀行、製造、エネルギーなどさまざまなドメインの IT 分野に 20 年以上関わった経験を持つ。一貫性、顧客中心、情熱を燃やすこと、説明責任、イノベーションの達成、偉大さの実現を大事にしている。Scrum.org のプロフェッショナルスクラムトレーナー。

- 112 ページ　デモだけでは不十分だ……。デプロイしてもっと良いフィードバックを得よう

ボブ・ハートマン（Bob Hartman）
認定スクラムトレーナー、コーチ、Agile For All

 開発者、テスター、ドキュメントライター、トレーナー、プロジェクトマネージャー、ビジネスアナリスト、シニアソフトウェアエンジニア、開発マネージャー、取締役まで、ソフトウェア業界のほとんどの役割をこなしてきた。アジャイルを早くから実践した 20 年の経験から、現在は認定スクラムトレーナー、認定エンタープライズコーチとして、リーダーシップアジリティや組織アジリティなどすべてのアジリティ分野での、トレーニング、コーチング、メンタリングのエキスパートとなった。多数のカンファレンス、セミナー、ワークショップ、ユーザーグループなどでの登壇経験があり、参加者の巻き込み方、開発全体を俯瞰する視点、個人的なエピソードなどで人気を博している。

● 116 ページ　いちばん大事なことは思っているのと違う

ライアン・リプリー（Ryan Ripley）
プロフェッショナルスクラムトレーナー

Scrum.org のプロフェッショナルスクラムトレーナー。ソフトウェア開発者、マネージャー、ディレクター、スクラムマスターとして、医療機器メーカー、卸売、金融サービスといった業界のフォーチュン 500 企業での経験を持つ。iTunes のアジャイル関連のポッドキャストで 1 位の Agile for Humans のホスト。トッド・ミラーとの共著に『Fixing Your Scrum: Practical Solutions to Common Scrum Problems』（Pragmatic Bookshelf、2020）がある。妻のクリスティンと 3 人の子供と共にインディアナに住む。ブログは https://www.ryanripley.com、Twitter は @ryanripley。

● 122 ページ　「自分」ではなく「スクラムマスター」が大事なのだと気づくまで

ボブ・ガレン（Bob Galen）
アジャイルコーチ

ノースカロライナ州ケアリーに拠点を置くアジャイル方法論者、実践者、コーチ。企業やチームが実践的にスクラムなどのアジャイル手法に移行するためのガイドをしている。Vaco の主席アジャイルコーチ兼、RGCG, LLC の社長。国際カンファレンスや専門家グループでアジャイルソフトウェア開発に関連した幅広い話題について定期的に講演している。著書に『Agile Reflections: Musings Toward Becoming Seriously Agile in Software Development』（RGCG, LLC、2012）、『Scrum Product Ownership: Balancing Value from the Inside Out』（RGCG, LLC、2009-2013）、『Three Pillars of Agile Quality and Testing: Achieving Balanced Results in Your Journey Towards Agile Quality』（RGCG, LLC、2015）がある。連絡先は bob@rgalen.com。

● 124 ページ　サーバントリーダーシップはまず自分から
● 138 ページ　困ったときは……。落ち着いて非常ボタンを押そう
● 148 ページ　人は障害か？

ジェフ・ワッツ（Geoff Watts）
アジャイルリーダーシップコーチ

世界で最も初期の、認定スクラムマスター、認定スクラムコーチ、認定スクラムトレーナーのうちの 1 人。ベストセラー『Scrum Mastery』（Inspect & Adapt Ltd、2013）、『Product Mastery』（Inspect & Adapt Ltd、2017）、『The Coach's Casebook』（Inspect & Adapt Ltd、2015）の著者。最新刊は、『Team Mastery』（Inspect & Adapt Ltd、2020）。チームを自己熟達に導き、チーム自身とチーム外にメリットがあるようにコーチングするのを好む。

● 128 ページ　コーチとしてのスクラムマスター

デレク・デヴィッドソン（Derek Davidson）
認定スクラムトレーナー、プロフェッショナルスクラムトレーナー、アジャイルコーチ

Scrum.org のプロフェッショナルスクラムトレーナー、スクラムアライアンスの認定スクラムトレーナーであり、プロダクトオーナー、スクラムマスター、スクラム開発者になろうとしている人たちを支援している。また、ソフトウェア開発者たちがアジャイル / スクラムに沿った形で働き、スクラムチームがスケールするのを支援している。http://www.webgate.ltd.uk（http://www.webgate.ltd.uk）で、スクラムのことをつづっている。

- ● 132 ページ　スクラムマスターは障害ハンターではない
- ● 170 ページ　「そんなやり方、ここでは通用しない！」
- ● 174 ページ　スクラムの 6 つめの価値基準

ステファニー・オッカーマン（Stephanie Ockerman）
プロフェッショナルスクラムトレーナー、作家、AgileSocks.com

アジャイルトレーニングとコーチングの会社である Agile Socks LLC の創設者。素晴らしいものを作る人を支援することで、予測不可能で複雑な世界にいる全員が成長できるようになることを使命としている。15 年以上の経験を持ち、スクラムマスター、トレーナー、コーチとして、価値あるプロダクトやサービスを提供し、チームや組織を支援している。サイモン・ラインドルとの共著に『Mastering Professional Scrum』（Addison-Wesley Professional、2019）があり、https://www.AgileSocks.com で定期的にブログを書いている。

- ● 136 ページ　スクラムマスターのいちばん大事なツール

ズザナ・ショコバ（Zuzana Šochová）
アジャイルコーチ、認定スクラムトレーナー

15 年以上の経験を持つスクラムアライアンス認定スクラムトレーナーで、独立アジャイルコーチ。世界中の多数の会社で、アジャイルトランスフォーメーション、アジャイル導入を行ってきた。アジャイルリーダーシップを確立し維持することで、ワークアンドライフの世界はより幸福になり、かつ成功できると信じている。チェコアジャイル協会、アジャイルプラハカンファレンスの創始者であり、スクラムアライアンスの理事会のメンバーでもある。『SCRUMMASTER THE BOOK』（大友聡之 他訳、翔泳社、原著『The Great ScrumMaster: #ScrumMasterWay』Addison-Wesley Professional、2017）の著者。連絡先は、zuzi@sochova.com か、Twitter の @zuzuzka。

- ● 142 ページ　＃スクラムマスター道（#ScrumMasterWay）でスクラムマスターを終わりのない旅に導く方法

ステイン・デクヌート（Stijn Decneut）
神経科学に情熱を捧げるトレーナー、コーチ

 人間の行動の生物学的な特性についての深い理解をもとに、アジャイルリーダーシップに関するトレーニングやメンタリング、コーチングを提供している。アジャイルコーチングやトレーニングが、個人の経験にもとづく根拠のないものではなく、科学的な観点でのエビデンスをもとにした確固たるものになることを目指してAgileBeyond を設立した。組織におけるテクニックやフレームワークの間違った形での適用はフラストレーションや幻滅につながるため、そうならないようにスクラムや関連するアジャイルプラクティスを実際に意味がある方法で適用するのを支援している。

● 150 ページ　人間はいかにしてすでに複雑なものをさらに複雑にするのか
● 152 ページ　スクラムの「アハ」体験をデザインする

イブリン・アクンルース（Evelien Acun-Roos）
スクラムプロフェッショナル

 Xebia 所属の経験豊富なアジャイルコーチで、Scrum.org のプロフェッショナルスクラムトレーナー。アジャイルとスクラムについて深い知識をもとに、組織、チーム、スクラムマスター、プロダクトオーナーにその知識を伝えている。アジャイルへの情熱の中心をチームと個人に置き、チームの立ち上げ、継続的改善の支援を好んでいる。多くの組織で多くのチームがよりアジャイルになるのを支援してきた。初めての人をトレーニングするのも、経験を積んだスクラム実践者にトレーニングするのも好きだ。トレーニングコースには、脳にもとづく学習に沿った活動が含まれていて、教師が教えるのではなく、学習者が学習するようにしている。ヘルモントで、夫と 3 人の子供と共に暮らしている。

● 154 ページ　脳科学を使ってスクラムのイベントを生き生きとさせる

リンダ・ライジング（Linda Rising）
コンピューターソフトウェアコンサルタント、プロフェッショナル

 テネシー州ナッシュビル在住の独立コンサルタント。アリゾナ州立大学でオブジェクトベースのデザインメトリクスで博士号を取得。大学での講師の他に、通信、航空、戦術兵器システムの分野での職務経験がある。アジャイル開発、パターン、レトロスペクティブ、変革プロセス、ソフトウェアと最新の脳科学の関連といったトピックについて、国際的に知られたスピーカーである。多数の記事と 5 冊の本を執筆した。

● 156 ページ　スタンドアップの持つ力

ダニエル・ジェームズ・グロ（Daniel James Gullo）
作家、変革リーダー

 よく知られたアジャイルコミュニティのサーバントであり、生涯の起業家でもある。Apple Brook Consulting（ABC）の CEO であり、アジャイルデラウェアの創設者、チーフアドバイザーである。いくつかの組織に、レビューアー、ボランティア、スピーカーとして頻繁に参加している。次世代のアジャイルトークショーであるAgileNEXT と、月刊 CoreAgility の共同創始者でもある。スクラムアライアンスの CST および

CEC 候補者へのアドバイザーも務める。Service Disabled Veteran-Owned Small Business（SDVOSB）を通じて、Apple Brook Consulting は、現役および退役軍人に、トレーニング費用の割引などのサービスを提供している。著書に、『Real World Agility: Practical Guidance for Agile Practitioners』（AddisonWesley Professional、2016）がある。現在、組織開発および変革（事実にもとづくコーチング）で博士号の取得を目指している。

● 158 ページ　在宅勤務の影響

マイケル・スペイド（Michael K. Spayd）
Collective Edge Coaching チーフ賢人

変革の人である。あなた、私、私たち、みんなそうだ。2001 年に、企業変革に関わるアジャイルコーチとして働き始めた。数多くの大規模変革に関わり、組織開発、変化、文化、リーダーシップ、プロフェッショナルコーチングなどのモデルと思考を持ち込んだ。2010 年、アジャイルコーチという職業を変革するため、リサ・アドキンスとともに Agile Coaching Institute を創立した。ACI は実績を残し、2017 年に売却した。2016 年、アジャイルトランスフォーメーションを変革するために、ミシェル・マドアとともに Trans4mation を創立し、一緒に『Agile Transformation: Using the Integral Agile Transformation Framework to Think and Lead Differently』（AddisonWesley Professional、2020）を執筆した。2020 年に、新たな組織プラットフォーム、The Collective Edge, LLC を創立した。

● 166 ページ　自己組織化とはどういうことか？

ジョルゲン・ヘッセルベルグ（Jorgen Hesselberg）
Comparative Agility 共同創業者

『Unlocking Agility』（Addison-Wesley Professional、2018）の著者であり、アジャイル評価および継続改善プラットフォームである Comparative Agility の共同創始者である。2009 年から数多くの企業変革を成功させてきた第一人者である。世界で最も尊敬されている企業のいくつかで、内部のチェンジエージェントもしくは外部のコンサルタントとして、戦略ガイダンス、相談役、コーチングを提供してきた。

● 168 ページ　欠陥を宝のように扱う（公開の価値）

ハイレン・ドーシ（Hiren Doshi）
プロフェッショナルスクラムトレーナー

Scrum.org のプロフェッショナルスクラムトレーナー。著書に『Scrum Insights for Practitioners: The Scrum Guide Companion』（Practiceagile.com、2016）がある。ソフトウェア開発の経験は 24 年であり、スクラムを 13 年以上実践してきた。Tesco、EMC、BACI、BookMyShow、Shell、Schlumberger、BP、Aditya Birla Group といった数々の企業がアジャイルになるのを支援してきた。妻のスワティ、2 人の娘であるアディティ、アシュウィニと共に、ムンバイ（インド）在住。

● 172 ページ　人間味あふれるスクラムマスターの 5 つの特性

ロン・エリンガ（Ron Eringa）
アジャイルリーダーシップデベロッパー

自分の子供たちを安心して働かせることができる職場を作るというビジョンに突き動かされている。人の可能性を最大限に引き出すような刺激を与えたいとも思っている。2014 年より、Scrum.org のプロフェッショナルスクラムトレーナーとして、チームやマネージャーをプロフェッショナルな学びの旅に導いている。Scrum.org のリーダーシップスチュワードとして、トレーナーがプロフェッショナルアジャイルリーダーシップの経験を積めるよう支援している。2016 年よりフリーランスのコンサルタントとして、顧客が組織のあらゆるレベルでリーダーシップを発揮できるよう支援している。詳細は http://roneringa.com を参照。

● 178 ページ　アジャイルリーダーシップと文化のデザイン

アンドレアス・シュリープ（Andreas Schliep）
DasScrumTeam AG 役員

2004 年にドイツで初めての複数チームスクラムを始めた 1 人。以降、スクラムマスター、コーチ、トレーナーとして、個人や組織を支援してきた。スクラムアライアンスのさまざまな認定を保持しており、DataScrumTeam AG の共同創始者でもある。

● 180 ページ　スクラムはアジャイルリーダーシップである

ピーター・ベック（Peter Beck）
認定スクラムトレーナー

顧客と従業員に価値を届ける企業作りが専門。2004 年にドイツ最初の複数チームによるスクラムに開発者として参画し、それ以来、さまざまな開発チーム、プロジェクトマネージャー、経営者向けにスクラムのトレーニングやコンサルティングを提供している。認定スクラムトレーナー、DasScrumTeam AG のプロダクトオーナー。

● 180 ページ　スクラムはアジャイルリーダーシップである

カート・ビットナー（Kurt Bittner）
Scrum.org チームメンバー

30 年以上にわたって、短いフィードバックサイクルで役に立つソフトウェアを届けてきた経験を持つ。大手銀行、製造業、小売業、政府機関を含むさまざまな組織のアジャイルソフトウェアデリバリーのプラクティスの導入を支援してきた。顧客がほれ込むソリューションを届けられるような、強くて、自己組織化しており、ハイパフォーマンスなチームを作る支援をしている。『The Nexus Framework for Scaling Scrum』（Addison-Wesley Professional、2017）を始め、ソフトウェア開発に関する 4 冊の書籍の著者でもある。

● 182 ページ　スクラムとは組織の改善でもある

ポール・オールドフィールド（Paul Oldfield）
Youmanage チームメンバー

1978 年に植物学を修了し、非常に複雑なシステムに対処するための正当な科学的基礎を身に付けた。就職してからコンピューター関係の仕事を始めたが、最初の研究職の現場ではウォーターフォール開発は使えたものではなかった。自分の仕事のやり方を工夫し、これが初期のアジャイルアプローチと多くの共通点があることを後に発見した。現在は、スタートアップの段階を抜け成長しつつある企業、Youmanage.co.uk で働く。
● 184 ページ　ネットワークと尊敬

ファビオ・パンザボルタ（Fabio Panzavolta）
プロフェッショナルスクラムトレーナー、Collective Genius オーナー

2001 年にソフトウェアエンジニアとしてキャリアをスタートした。プロジェクトマネージャーとして長年働き、従来のプロジェクトマネジメントを適用してきたが、スクラムを知り、自分のマインドセットに合致したため取り入れた。Scrum.org のプロフェッショナルスクラムトレーナーで、Collective Genius の創設者兼オーナーでもある。余談ではあるが、バイク愛好者から連絡をもらえるととても喜ぶ。
● 192 ページ　スクラムによる組織設計実践

ボブ・ウォーフィールド（Bob Warfield）
CNCCookbook, Inc CEO

CNC 製造、ソーシャル、クラウド、ビッグデータ、SaaS、デスクトップなどのプロダクト、スタートアップから年商 5 億ドルを超える公開企業まで、幅広い業界の経験を持つシリアルアントレプレナー。CEO、創立者、CTO、エンジニアリング VP などを務めるのを好む。現在、CNC 製造業界で最も人気のある CNCCookbook というブログを運営しており、プロフェッショナル CNC エンジニアから DIY メーカーまでに人気の避難場所になっている。
● 200 ページ　「スタンディングミーティング」

シ・アルヒア（Si Alhir）
変革リーダー

起業家、著者、アジャイル / アンチフラジャイル変革リーダー、コーチ、コンサルタント、実践者（カタリスト）。個人、チーム、企業と提携し、ビジネス、リーダーシップ、文化、実行、技術を統合することで、この破壊的な世界でビジネスアウトカムと成長を達成している。40 年以上、スタートアップからフォーチュン 500 企業まで、さまざまな企業で働いてきた。著書に、『The Antifragility Edge: Antifragility in Practice』（LID Publishing、2016）、『Achieving Impact Through Engagement: Ownership, Actions, Intentions, and Results』（自費出版、2015）、『Conscious Agility: Conscious Capitalism + Business Agility = Antifragility』（自費出版、2013）がある。
● 202 ページ　スクラム：問題解決手法かつ科学的手法の実践

エリック・ナイバーグ（Eric Naiburg）
Scrum.org マーケティング・オペレーション担当 VP

『データベース設計のための UML』（翔泳社、原著『UML for Database Design』AddisonWesley Professional、2001）、『UML for Mere Mortals』（Addison-Wesley Professional、2004）の共著者。現在は、Scrum.org のマーケティング、サポート、外部向けコミュニケーション、運用の責任者である。INetU（現 ViaWest）のマーケティングディレクターも務めた。INetU の前は、IBM およびラショナルソフトウェアでプログラムディレクターを務め、アプリケーションライフサイクルマネジメント（ALM）、DevOps およびアジャイルソリューションの責任者であった。他に、Ivar Jacobson Consulting、CAST Software, Logic Works Inc.（Platinum Technologies と CA により買収）のプロダクトマネジメントおよびマーケティング担当、Erwin のプロダクトマネージャーも担っていた。

● 206 ページ　外部業者と一緒にスクラムをやった方法

シュールト・クラネンドンク（Sjoerd Kranendonk）
アジャイルコーチ、スクラムマスター、トレーナー

コーチやコンサルタントとして、人や組織がより良い働き方を見つけられるように支援している。継続的改善のため、さまざまな手法、ツール、プラクティスを活用したコーチング、コンサルティング、トレーニングを活用しているが、常にものごとの「なぜ」から始めるように気を配っている。利用するツールキットには、アジャイルマニフェストと成長マインドセットに合致した、スクラム、SAFe、LeSS などのアプローチが含まれる。不定期で LinkedIn に投稿したり、www.sjoerdly.com で記事を書いたりしている。

● 208 ページ　警察の仕事にスクラムを適用する

アルノ・デルハイ（Arno Delhij）
アジャイルビジネスコーチ

アジャイルビジネスコーチであり、世界的なイニシアチブである Agile in Education の創設者。ハイパフォーマンスなチームを育て、柔軟性のある、価値駆動型の働き方へ適応できるよう企業を支援している。教育革新に多大な情熱を持つ。エデュ・スクラムガイドの共著者でもあり、最新の著作は『Scrum in de klas』（2020）。

● 210 ページ　生まれながらのアジャイル：教室でのスクラム事例

ウィリー・ワイナンズ（Willy Wijnands）
情熱の科学教師、eduScrum 創始者

オランダ Ashram College in Alphen aan de Rijn の情熱的な科学教師で、合気道師範。eduScrum の創始者で、世界の教育におけるアジャイルの共同創立者。『eduScrum Guide』、『Scrum in Actie』（Business Contact、2015）の著者。『Agile and Lean Concepts for Teaching and Learning』（Springer、2018）に寄稿。2011 年より、世界中で 900 人以上の教師に eduScrum のトレーニングを実施し、Ashram College で 2,000 人以上の生徒に eduScrum を使ったファシリテーションを実施した。eduScrum についての詳細は、https://oreil.ly/MbERJ を参照のこと。

及部 敬雄（およべ たかお）

制御不能なアジャイルモンスター

エンジニアとして、さまざまなドメインのプロダクト開発・運用・新規事業立ち上げを経験。アジャイル開発との出会いをきっかけに、最強のチーム・組織をつくるために日々奮闘。2019 年にチーム FA 宣言をし、IT の会社から製造業の会社にチーム移籍。また、アジャイルコーチ（個人事業主）としてさまざまなチームや組織の支援もしている。Twitter は @takaking22、ブログは https://takaking22.com/、Web は https://agile-monster.com/。

小林 恭平（kyon_mm、こばやし きょうへい）

デロイトトーマツコンサルティング合同会社執行役員、47 機関メンバー

2015 年頃から 47 機関というチームでアジャイル開発を本格的に導入し、いくつかのプラクティスを発見してきた。2020 年現在では 15minSprint とフラクタルスプリントを中心にチームで開発を続けている。また新規事業や大規模開発などでアジャイルコーチ、アーキテクチャ設計支援、テスト自動化支援などに携わっている。2017 年からは文科省産学連携プロジェクト enPiT にて筑波大学、産業技術大学院大学にて非常勤講師をつとめ、学部 3 年生、修士 1 年生にアジャイル開発のコーチングをしてきた。共著に『システムテスト標準化ガイド』（翔泳社）がある。

高橋 一貴（たかはし かずよし）

ラクスル株式会社ラクスル事業本部 VPoE

2008 年頃からシリウステクノロジーズでスクラムマスターとして活動し、同社がヤフーに買収されたと同時にアジャイルコーチに転身。ヤフー社内のアジャイル推進を担う。2012 年二代目黒帯に認定。ゼロからスタートし、5 年間で 2,000 人以上いる開発現場で当たり前にアジャイル開発に取り組むための制度設計や普及活動を行い、同社の開発におけるスタンダードのひとつとした。その後再びスタートアップに戻り、株式会社チカクに第一号社員のシニアエンジニアリングマネージャとして参画。まごチャンネルのサービスローンチからグロースフェーズまで携わる。2020 年 4 月から現職。開発組織を見ながら現場で手も動かしている。一方で社外では企業が組織的にアジャイル開発に取り組むための課題解決の支援もしている。共訳書に『一人から始めるユーザーエクスペリエンス』『Fearless Change：アジャイルに効く アイデアを組織に広めるための 48 のパターン』（共に丸善出版）。Scrum Masters Night! オーガナイザー。Regional Scrum Gathering Tokyo 2020 クロージングキーノート登壇。Twitter は @kappa4。

長沢 智治（ながさわ ともはる）

アジャイルコーチ／エバンジェリスト/DASA アンバサダー

サーバントワークス株式会社 創業者兼代表取締役であり、「アジャイル × マーケティング × プレゼン」でビジネスと現場に貢献し続ける人であり、遺伝子にラショナル統一プロセス（RUP）が刻まれていると自認している。NOTA Inc. などで企業アドバイザーも務めている。

ソフトウェアプロダクトのライフサイクル全般を経験したのちに、最も複雑な業務のひとつであるモノづくりの現場を支援する側に転身。業務改善コンサルタント（ラショナルソフトウェア、IBM、ボーランド）、エバンジェリスト（マイクロソフト、アトラシアン）としてキャリアを積んで、2018年に独立し、2020年に起業。一貫して業務の現場で活躍する人たちを支援する活動を実施中。

著書に『Keynote で魅せる「伝わる」プレゼンテーションテクニック』（ラトルズ、2018）、監訳書に『More Effective Agile』（日経 BP、2020）、『Adaptive Code』（日経 BP、2018）、『今すぐ実践！カンバンによるアジャイルプロジェクトマネジメント』（日経 BP、2016）、『アジャイルソフトウェアエンジニアリング』（日経 BP、2012）などがある。イベントで基調講演を務めること多数。

● 222 ページ　スクラムを組織に根付かせるには孤独にならないこと

平鍋 健児（ひらなべ けんじ）

株式会社永和システムマネジメント代表取締役社長、株式会社チェンジビジョン CTO、Scrum Inc. Japan 取締役

福井での受託開発を続けながら、オブジェクト指向設計、組込みシステム開発、アジャイル開発を推進し、UML エディタ astah* を開発。ソフトウェアづくりの現場をより協調的に、創造的に、そしてなにより、楽しく変えたいと考えている。

● 224 ページ　野中郁次郎のスクラム

安井 力（やっとむ、やすい つとむ）

アジャイルコーチ、合同会社やっとむ屋代表

アジャイルな変化を起こしたい IT 企業を中心とした現場で、独立アジャイルコーチとして活動。主に開発チームや組織を支援している。好きなものはチームビルディング、テスト駆動開発、ふりかえり。アナログゲームも好きで、ワークショップなどで使うほか、オリジナルのボードゲームやカードゲームも開発しており、アジャイルな開発やチームワークを体験できるようにしている。「心理的安全性ゲーム」「宝探しアジャイルゲーム」「カンバンゲーム」など。通称やっとむ。奥さんと、柴犬 2 匹と暮らしている。Twitter は @yattom、ブログは https://yattom.hatenablog.com。

● 226 ページ　エンジンがなくては走らない

和田 卓人（わだ たくと）
タワーズ・クエスト株式会社 取締役社長、プログラマ、テスト駆動開発者

学生時代にソフトウェア工学を学び、オブジェクト指向分析／設計に傾倒する。その後さまざまな縁に導かれソフトウェアパターンや XP（eXtreme Programming）を実践する人たちと出会い、後のテスト駆動開発（TDD）の誕生を知る。テスト駆動開発に「完璧主義の呪い（完璧な設計を得るまではコードを書けないし良いシステムも出来ないという強迫観念）」を解いてもらってからは、文章や講演、ハンズオンイベントなどを通じてテスト駆動開発を広めようと努力している。『プログラマが知るべき 97 のこと』（オライリージャパン、2010）監修。『SQL アンチパターン』（オライリージャパン、2013）監訳。『テスト駆動開発』（オーム社、2017）翻訳。『Engineers in VOYAGE：事業をエンジニアリングする技術者たち』（ラムダノート、2020）編者。OSS プロダクトの代表作 power-assert-js は、世界中で使用されている。Twitter は @t_wada、GitHub は @twada。

● 228 ページ　F.I.R.S.T にあえて順位をつけるなら

永瀬 美穂（ながせ みほ）
株式会社アトラクタ Founder 兼 CBO／アジャイルコーチ

受託開発の現場でソフトウェアエンジニア、所属組織のマネージャーとしてアジャイルを導入し実践。アジャイル開発の導入支援、教育研修、コーチングをしながら、大学教育とコミュニティ活動にも力を入れている。産業技術大学院大学特任准教授、東京工業大学、筑波大学、琉球大学非常勤講師。一般社団法人スクラムギャザリング東京実行委員会理事。著書に『SCRUM BOOT CAMP THE BOOK』（翔泳社）、訳書に『みんなでアジャイル』『レガシーコードからの脱却』（オライリー・ジャパン）、『アジャイルコーチング』（オーム社）、『ジョイ・インク』（翔泳社）。Twitter は @miholovesq、ブログは https://miholovesq.hatenablog.com/

● 230 ページ　「個人と対話よりもプロセスとツールを」を防ぐには

原田 騎郎（はらだ きろう）
株式会社アトラクタ Founder 兼 CEO／アジャイルコーチ

アジャイルコーチ、ドメインモデラー、サプライチェーンコンサルタント。認定スクラムトレーナー・リージョナル（CST-R）／ Scrum@Scale Trainer。外資系消費財メーカーの研究開発を経て、2004 年よりスクラムによる開発を実践。ソフトウェアのユーザーの業務、ソフトウェア開発・運用の業務の両方をより楽に安全にする改善に取り組んでいる。訳書に『みんなでアジャイル』『レガシーコードからの脱却』『カンバン仕事術』（オライリー・ジャパン）、『ジョイ・インク』（翔泳社）、『スクラム現場ガイド』（マイナビ出版）、『Software in 30 Days』（KADOKAWA/ アスキー・メディアワークス）。Twitter は @@haradakiro。

● 232 ページ　インクリメントは減ることもある

吉羽 龍太郎（よしば りゅうたろう）

株式会社アトラクタ Founder 兼 CTO / アジャイルコーチ

 アジャイル開発、DevOps、クラウドコンピューティングを中心としたコンサルティ
ングやトレーニングに従事。野村総合研究所、Amazon Web Services などを経て現
職。Scrum Alliance 認定チームコーチ（CTC）/ 認定スクラムプロフェッショナル
（CSP）/ 認定スクラムマスター（CSM）/ 認定スクラムプロダクトオーナー（CSPO）。
Microsoft MVP for Azure。著書に『SCRUM BOOT CAMP THE BOOK』（翔泳社）など、訳書に『プ
ロダクトマネジメント』『みんなでアジャイル』『レガシーコードからの脱却』『カンバン仕事術』（オ
ライリー・ジャパン）、『ジョイ・インク』（翔泳社）など多数。Twitter は @ryuzee、ブログは
https://www.ryuzee.com/

● 234 ページ　完成とは何か？

スクラム用語集

インクリメント
    これまで作ったインクリメントに追加したり変更したりした結果、リリース候補
    となっているプロダクト全体のこと

開発チーム（チーム）
    リリース可能なインクリメントをスプリントの終わりまでに進化的に開発を進め
    る責務を負う人たちのグループ

開発標準
    開発チームがリリース可能なプロダクトのインクリメントをスプリントの終わり
    までに開発するのに必要だと認識した標準とプラクティスのセット

「完成」の定義
    プロダクトインクリメントがリリース可能となるために、満たすべき品質の期待
    のセット。プロダクトがユーザーにリリース可能なことを示す

経験主義
    観測された結果、経験、実験にもとづいて判断を下すプロセス制御の型。経験主
    義は、定期的に検査と適応をするために透明性を必要とする。経験的プロセス制
    御とも呼ばれる

障害
    開発チームの開発作業を遅くしたり止めたりする障害や妨げになるもので、開発
    チームの自己組織化では解決できないもの。遅くともデイリースクラムで共有さ
    れなければいけない。スクラムマスターが障害の除去の説明責任を負う

スクラム［名詞］
    (1) 複雑なプロダクトを届けるためのシンプルなフレームワーク。(2) 複雑な課
    題に取り組むためのシンプルなフレームワーク

スクラムチーム

プロダクトオーナー、開発チーム、スクラムマスターを組み合わせた説明責任のこと

スクラムの価値基準

スクラムフレームワークの基礎となる5つの基本的な価値と品質のこと。確約、集中、公開、尊敬、勇気

スクラムマスター

スクラムの環境を整える責任を負う人。スクラムの理解をもとに、スクラムを利用して、単一もしくは複数のスクラムチームと周りの環境をガイド、コーチ、教育、ファシリテーションする

ステークホルダー

プロダクトに関わる利害やプロダクトの進化に必要な知識を持つ、スクラムチームの外側の人たち

スプリント

ほかのスクラムイベントの入れ物となるイベント。最大1か月までのタイムボックス。意味のあるプロダクトを開発できるだけの長さが必要であると同時に、プロダクトの戦略、戦術レベルの検査、反省、適応を適時に行えるように短くなければいけない。ほかのスクラムイベントは、スプリントプランニング、デイリースクラム、スプリントレビュー、スプリントレトロスペクティブである

スプリントゴール

そのスプリントの包括的な目的を簡潔に示すもの

スプリントバックログ

スプリントゴールの達成のために開発チームが必要と考える仕事をすべて含む計画。状況に応じて更新され続ける

スプリントの長さ

スプリントのタイムボックス。1か月以内

スプリントプランニング

スプリントの最初のイベント。8時間以内のタイムボックス。スクラムチームはその時点でプロダクトバックログのなかでいちばん価値のあると思われるものを検査し、スプリントゴールを達成するための初期スプリントバックログを作り上げる

スプリントレトロスペクティブ

スプリントの最後のイベント。3時間以内のタイムボックス。スクラムチームは、終わりを迎えるスプリントを検査し、次のスプリントの仕事のやり方を確立する

スプリントレビュー

スプリント中の開発の最後のイベント。4時間以内のタイムボックス。スクラムチームとステークホルダーはインクリメント、全体の進捗、戦略の変更を検査し、プロダクトオーナーがプロダクトバックログを更新するのを助ける

創発

それまでは知られていなかった事実や、事実に関わる知識が生まれるプロセス。事実の知識が予期せず明らかになること

タイムボックス

最大の期間が定められた入れ物。期間が固定される場合もある。スクラムでは、すべてのイベントは最大の期間が定められている。スプリントは例外で、期間は固定だ。

デイリースクラム

15分以内のタイムボックスで毎日実施されるイベントで、スプリントの開発計画を再計画する。開発チームは進捗、次の24時間の作業計画を共有し、スプリントバックログを更新する

バーンアップチャート

パラメーター（価値など）の上昇を時系列で表したグラフ

バーンダウンチャート

残作業の減少を時系列で表したグラフ

プロダクト［名詞］

顧客に直接価値を提供できるものやサービス。有形のもの、無形のものがある。(1) プロセスのアウトカム (2) プロダクトオーナー、プロダクトバックログ、インクリメントの範囲を定義する

プロダクトオーナー

プロダクトが提供する価値を最適化する責任を負う人。主にプロダクトへの期待、アイデアをプロダクトバックログの形で提示し、プロダクトバックログを管理する。プロダクトオーナーは、すべてのステークホルダーを代表する個人である

プロダクトバックログ

プロダクトの開発、提供、保守、サポートに必要だとプロダクトオーナーが考えた仕事の順位付けされたリスト。継続してメンテナンスされる

プロダクトバックログリファインメント

プロダクトオーナーと開発チームが将来のプロダクトバックログの粒度を整えるために、スプリント中に繰り返し実施する活動

ベロシティ

あるチーム（もしくはチーム群）が1スプリントでプロダクトバックログをインクリメントに変換できる量を示すのによく使われる指標。ベロシティは、チームがスプリントの予想を立てるのに役立つ

予測

過去の観測にもとづいて、将来のトレンドを予期すること。現在のスプリントで開発可能なプロダクトバックログを予測したり、将来のスプリントで実施可能な将来のプロダクトバックログを予測したりする

索 引

● 編者紹介

Gunther Verheyen（ギュンター・ヴァーヘイエン）

2003年以来長きにわたってスクラムを実践。コンサルタントとして長年の経験を積んだのち、スクラムの父であるケン・シュエイバーとともに働き、Scrum.org でプロフェッショナルスクラムの各種コースのディレクターを務めた（2013-2016年）。現在は、独立のスクラム世話人として人や組織の支援をしている。

1992年にアントワープ大学で電子工学の学位を取得し卒業。その後IT業界に入りソフトウェア開発に携わっている。アジャイルの旅は2003年にエクストリーム・プログラミングとスクラムとともに始まった。さまざまな環境で長年にわたってスクラムを献身的に導入してきた。2010年にはある大規模企業改革の原動力となり、翌年にプロフェッショナルスクラムトレーナーとなった。

2013年にコンサルティング会社を退職して Ullizee-Inc を設立し、ケン・シュエイバーの専属パートナーとなった。ケンと Scrum.org を代表して「プロフェッショナルスクラム」シリーズを指揮するとともに、プロフェッショナルスクラムトレーナーのグローバルネットワークの構築を推進した。Agility Path、EBM（エビデンスベースのマネジメント）、大規模スクラム用のフレームワークである Nexus の作成者の1人である。

2016年以降、独立のスクラム世話人として、人をつなげ、文章を書き、講演をしながら、人間らしい職場を実現する旅を続けている。提供するサービスは15年の価値ある経験、アイデア、信念、そしてスクラムの観察結果をもとにしている。

『Scrum - A Pocket Guide』（Van Haren Publishing、2013、2019）の著者であり、ケン・シュエイバーは「現時点でスクラムに関する最高の本」であり「極めて役に立つ本」だと推薦している。複数言語に翻訳されているので手に取ってみてほしい。

スクラムと人間らしい職場の実現のために旅をしているとき以外は、居を構えるベルギーのアントワープで仕事をしている。

● 訳者紹介

吉羽 龍太郎（よしばりゅうたろう）

株式会社アトラクタ Founder 兼 CTO / アジャイルコーチ。

アジャイル開発、DevOps、クラウドコンピューティングを中心としたコンサルティングやトレーニングに従事。野村総合研究所、Amazon Web Services などを経て現職。Scrum Alliance 認定チームコーチ（CTC）/ 認定スクラムプロフェッショナル（CSP）/ 認定スクラムマスター（CSM）/ 認定スクラムプロダクトオーナー（CSPO）。Microsoft MVP for Azure。著書に『SCRUM BOOT CAMP THE BOOK』（翔泳社）など、訳書に『プロダクトマネジメント』『みんなでアジャイル』『レガシーコードからの脱却』『カンバン仕事術』（オライリー・ジャパン）、『ジョイ・インク』（翔泳社）など多数。

Twitter：@ryuzee　ブログ：https://www.ryuzee.com/

原田 騎郎（はらだ きろう）
株式会社アトラクタ Founder 兼 CEO／アジャイルコーチ。
アジャイルコーチ、ドメインモデラー、サプライチェーンコンサルタント。認定スクラムトレーナー・リージョナル（CST-R）／Scrum@Scale Trainer。外資系消費財メーカーの研究開発を経て、2004 年よりスクラムによる開発を実践。ソフトウェアのユーザーの業務、ソフトウェア開発・運用の業務の両方をより楽に安全にする改善に取り組んでいる。訳書に『みんなでアジャイル』『レガシーコードからの脱却』『カンバン仕事術』（オライリー・ジャパン）、『ジョイ・インク』（翔泳社）、『スクラム現場ガイド』（マイナビ出版）、『Software in 30 Days』（KADOKAWA/ アスキー・メディアワークス）。
Twitter：@haradakiro

永瀬 美穂（ながせ みほ）
株式会社アトラクタ Founder 兼 CBO／アジャイルコーチ。
受託開発の現場でソフトウェアエンジニア、所属組織のマネージャーとしてアジャイルを導入し実践。アジャイル開発の導入支援、教育研修、コーチングをしながら、大学教育とコミュニティ活動にも力を入れている。産業技術大学院大学特任准教授、東京工業大学、筑波大学、琉球大学非常勤講師。一般社団法人スクラムギャザリング東京実行委員会理事。著書に『SCRUM BOOT CAMP THE BOOK』（翔泳社）、訳書に『みんなでアジャイル』『レガシーコードからの脱却』（オライリー・ジャパン）、『アジャイルコーチング』（オーム社）、『ジョイ・インク』（翔泳社）。
Twitter：@miholovesq　ブログ：https://miholovesq.hatenablog.com/

スクラム実践者が知るべき 97 のこと

2021 年 3 月 19 日　初版第 1 刷発行

編　　　者	Gunther Verheyen（ギュンター・ヴァーヘイエン）	
訳　　　者	吉羽 龍太郎（よしば りゅうたろう）、原田 騎郎（はらだ きろう）、	
	永瀬 美穂（ながせ みほ）	
発　行　人	ティム・オライリー	
制　　　作	株式会社トップスタジオ	
印刷・製本	株式会社平河工業社	
発　行　所	株式会社オライリー・ジャパン	
	〒 160-0002　東京都新宿区四谷坂町 12 番 22 号	
	Tel　（03）3356-5227	
	Fax　（03）3356-5263	
	電子メール　japan@oreilly.co.jp	
発　売　元	株式会社オーム社	
	〒 101-8460　東京都千代田区神田錦町 3-1	
	Tel　（03）3233-0641　（代表）	
	Fax　（03）3233-3440	

Printed in Japan（ISBN978-4-87311-939-7）
乱丁、落丁の際はお取り替えいたします。